U0290097

"十三五"国家重点出版物出版规划项目

海上风电机组支撑结构与地基基础一体化分析设计

Integrated Analysis and Design for Support Structure and Foundation of Offshore Wind Turbine

林毅峰 李 帅 范 可 黄 俊 著

机 械 工 业 出 版 社

本书阐述了海上风电机组支撑结构与地基基础一体化设计的基本理论、方法及应用，包括海上风电机组下部结构与地基基础的类型及设计特点、一体化设计分析模型及环境荷载、极端环境条件和正常发电工况的一体化设计、一体化设计疲劳损伤分析、下部结构与群桩基础协同作用承载特性分析等。

本书可供从事海上风电机组支撑结构与地基基础设计、海上风电机组荷载分析的工程师和科研人员使用，也可作为高校相关专业本科生和研究生的参考书。

图书在版编目（CIP）数据

海上风电机组支撑结构与地基基础一体化分析设计/林毅峰等著.
—北京：机械工业出版社，2020.8（2023.1重印）

"十三五"国家重点出版物出版规划项目

ISBN 978-7-111-65916-7

Ⅰ.①海… Ⅱ.①林… Ⅲ.①海上工程－风力发电机－发电机组－研究 Ⅳ.①TM315

中国版本图书馆 CIP 数据核字（2020）第 107552 号

机械工业出版社（北京市百万庄大街22号 邮政编码100037）
策划编辑：马军平 责任编辑：马军平 臧程程
责任校对：王明欣 封面设计：张 静
责任印制：单爱军
北京虎彩文化传播有限公司印刷
2023 年 1 月第 1 版第 2 次印刷
184mm×260mm · 11 印张 · 231 千字
标准书号：ISBN 978-7-111-65916-7
定价：69.00 元

电话服务　　　　　　　　　　网络服务
客服电话：010-88361066　　机 工 官 网：www.cmpbook.com
　　　　　010-88379833　　机 工 官 博：weibo.com/cmp1952
　　　　　010-68326294　　金 书 网：www.golden-book.com
封底无防伪标均为盗版　机工教育服务网：www.cmpedu.com

序

为应对气候变化、能源短缺、环境污染等对人类社会可持续发展带来的严峻挑战，必须积极推进全球气候治理和能源转型发展。我国海上风能资源丰富，而且靠近经济发达的电力负荷中心，发展海上风电这一清洁能源是必然选择，对我国增加能源供应、改善能源结构、保护环境具有重要意义。海上风电涵盖了新能源、高端装备制造、海洋产业等国家战略性新兴产业，发展海上风电对经济社会全局和长远发展具有重大带动作用。然而，复杂的海洋环境给海上风电基础设施建设带来了极大的挑战，如何保证海上风电机组支撑结构与地基基础的先进性、安全性和经济性一直是工程技术人员必须面临的重大难题。

在海洋复杂环境下，风电机组支撑结构与地基基础受到风、浪、流等复杂荷载作用，是一个多物理场耦合的结构动力系统，其力学性能、计算理论与设计方法一直是研究的热点和难点问题，其建造技术是海上风电工程的重大关键技术之一。这一重大关键技术的突破，涉及电气工程、机械工程、土木工程和力学等多学科交叉，需要采用风电机组-支撑结构-地基基础一体化模型开展动力学仿真分析。但是，受风电机组和支撑结构与地基基础的设计分工等问题的障碍，以及一体化设计技术复杂性的制约，我国海上风电机组支撑结构与地基基础的设计普遍采用分离式的设计方法。这种设计方法难以正确反映海上风电机组支撑结构与地基基础的真实动力学响应，有时因安全度不足而带来安全隐患，有时又因过于保守而造成材料浪费、成本提高，这种不确定性和不合理性令工程界十分担忧。本书作者率领研究团队通过多学科交叉融合，并结合工程实践，在分析风电机组支撑结构与地基基础受力性能的基础上，剖析了一体化设计和分离式设计的差异，深入研究了一体化建模、荷载计算和仿真分析等若干设计关键技术，在大直径单桩设计、多尺度条件下高承台群桩基础波浪荷载分析、风-浪耦合及风与海冰冰激振动耦合对结构响应的影响、地基基础疲劳弱化、结构与地基基础协同作用等方面取得了一系列创新性成果。所提出的计算理论与设计方法在实际工程中得到检验，为工程技术人员进行风电机组支撑结构与地基基础一体化分析设计提供了可靠依据。

本书是长期研究积累和工程设计实践的总结，反映了这一领域的最新研究成果；内容丰富，特色鲜明，将设计理论与工程实践紧密结合，既有学术性又有实用性。本书作者林毅峰所在单位中国长江三峡集团上海勘测设计研究院有限公司是我国海上风电勘测设计领域的先行者和主力军之一，相信这一关键技术的突破将会进一步提升企业的科技创新能力，相信本书的出版将为促进我国海上风电设计技术的进步发挥重要作用。

中国工程院院士 周绪红

2020 年 4 月 22 日

前　言

　　风力发电是当前最具规模化商业开发价值的新型可再生能源开发方式，由于海上风能具有资源秉性优越、可开发区域广阔等优势，海上风电是风力发电的重要发展方向。风电机组是风力发电场的核心，支撑结构与地基基础是风电机组正常安全运行的重要保障。由于海洋环境的复杂性，支撑结构与地基基础成为海上风电工程中仅次于风电机组的第二大成本构成部分，因此支撑结构与地基基础一直是海上风电开发的重大关键技术之一。受海洋环境和风电机组运行特性的影响，海上风电机组支撑结构与地基基础同时具有海洋结构工程、大型动力设备基础和高耸结构三种工程特性，多学科交叉、多种荷载共同作用和多物理场耦合成为其显著的工程特性。这种工程特性决定了海上风电机组支撑结构与地基基础应该作为一个整体系统进行一体化的分析和设计。

　　从科学的视角分析，海上风电机组支撑结构与地基基础一体化分析与设计具有合理性和必要性，但是受当前我国海上风电设计分工和责任的制约，一体化设计在工程设计实践上遇到了较大的障碍。我国海上风电设计领域，风电机组和塔架由风电机组供应商承担设计，塔架底部法兰以下的结构及地基基础设计由风电场设计单位承担，这两个设计主体通过塔架底部法兰面的荷载进行数据传递。这种分离式的设计方法无法正确考虑结构整体动力特性和多种环境荷载的合理组合，在实践中往往采取偏安全的实用化应对措施。在当前海上风电面临电价补贴退坡和平价上网的压力下，通过一体化设计手段实现降本增效已经成为海上风电设计界的热点和共识。目前我国海上风电界对风电机组支撑结构与地基基础一体化分析与设计的实质内涵、主要技术瓶颈、实现手段等仍缺少系统的研究，对一体化设计与传统分离式设计所得的工程设计成果尚缺少深入的对比分析研究。

　　本书对海上风电机组支撑结构与地基基础一体化分析与设计的主要内容和关键技术进行了系统阐述和算例分析，包括这两种设计方法力学机理的差异、主要设计流程、一体化设计动力学模型及荷载分析、一体化设计模型的数值求解方法等。极端环境条件和正常发电工况是海上风电机组支撑结构与地基基础的主要控制设计工况，疲劳环境条件工况下的结构损伤和地基弱化是支撑结构与地基基础设计的难点。在上述重要设计工况中，风、波浪、海冰等环境荷载的耦合，地基基础与塔架和风机机组动力特性的耦合，风电机组伺服控制系统对结构动力响应的影响分析等恰是一体化设计方法可以充分发挥其优点的用武之地。本书对极端环境条件和正常发电工况及疲劳环境条件工况的一体化分析与设计做了重点阐述和算例分析。

需要强调的是，一体化设计在本质上只是一种分析方法，作为一种先进的设计手段，该方法只有充分结合海上风电其他相关关键技术才能真正发挥其作用。为此，本书除了对一体化设计进行阐述外，还结合相关课题研究和工程实践，对海上风电机组支撑结构与地基基础的设计特点和关键技术进行了介绍，阐述了大直径单桩尺寸效应分析及解决方案、多结构尺度条件下的风电机组基础波浪荷载分析、风-浪荷载耦合及风-海冰荷载耦合对结构和地基基础的极限响应和疲劳损伤的影响、地基基础疲劳弱化特性、下部结构与地基基础整体协同作用承载特性等方面的相关创新成果。

本书由中国长江三峡集团上海勘测设计研究院有限公司副总经理、总工程师陆忠民主审，由中国长江三峡集团上海勘测设计研究院林毅峰和机械工业信息研究院李帅博士进行全书统稿，由林毅峰、李帅和中国长江三峡集团上海勘测设计研究院范可、黄俊撰写。

本书获得了上海市领军人才工程、上海市企业技术中心能力建设项目的出版资助，谨此表示感谢。

限于作者水平，书中存在的不足之处，敬请读者批评指正。

作　者

目　　录

第1章 绪 论

■ 1.1 研究背景

能源是人类社会发展的重要物质基础条件。以煤炭、石油为主的化石能源消费导致的环境污染、碳排放温室效应、能源枯竭等问题促使人类社会加快了以开发和使用可再生清洁能源为主要内容的能源转型发展。风力发电作为当前最具规模化商业开发价值的非水电可再生新型清洁能源获得了快速发展。根据全球风能理事会（GWEC）统计，截至 2019 年年底全球风力发电累计装机容量达到了 651GW。截至 2019 年年底，中国风电累计装机容量 2.1 亿 kW，风力发电装机容量占全国总发电装机容量的 10.4%，2019 年风力发电量 4057 亿 kW·h，占全国发电总量的 5.5%。相对于陆上区域，海上风能资源具有风速大、湍流强度低等优点，同时在海上开发风电不占用宝贵的陆上土地资源，对人类日常生产生活影响小，因此海上风电已经成为当前和未来风电的重要发展方向。

1991 年世界上首个海上风电场 Vindeby 在丹麦建成。自 2010 年以来，随着技术的成熟，全球海上风电装机容量年增长率都在 30% 左右，增长速度仅次于太阳能光伏发电。截至 2019 年年底全球累计海上风电装机容量达到了 27.2GW，全球已投运海上风电场共146 个。英国是全球海上风电装机容量最大的国家，累计装机容量 9.7GW。德国排名第二，累计装机容量 7.5GW。中国以 5.93GW 的装机容量位列第三。目前海上风电发电量虽然仅占全球电力供应的 0.3%，但是在海上风电发展较充分的国家中，海上风电已经成为其电力供应的重要来源，2018 年丹麦海上风电发电量占其全国总发电量的 15%，英国是 8%，比利时、荷兰和德国的海上风电占其电力消耗的比例为 3% ~ 5%。未来海上风电将成为重要的电力供应方式之一。

中国拥有 1.8 万多 km 的大陆海岸线和约 300 万 km^2 海洋国土面积。5 ~ 25m 水深、50m 高度海上风电开发潜力约 2 亿 kW；5 ~ 50m 水深、70m 高度海上风电开发潜力约 5亿 kW，海上风能资源蕴藏量丰富。沿海地区是我国经济发达、用电量需求巨大的区域，我国海上风电具有距离电力负荷中心近、易于消纳等优点。同时，海上风电涵盖了节能环保、新能源、海洋工程高端装备制造等我国战略性新兴产业。因此海上风电已经成为我国风力发电的重要发展方向，发展海上风电不仅是节能减排和能源结构转型发展的迫切需求，更是抢占技术和产业战略制高点，提高我国国际竞争力的重要途径。2010 年 7月，我国首个海上风电场"上海东海大桥 100MW 海上风电示范项目"建成投产，开创了我国海上风电新纪元。近 10 年里我国海上风电获得了快速发展，广东、福建、江苏、浙江等沿海省份开展了海上风电规划研究工作，编制了海上风电发展规划，并获得了国家能源局的批复。

风电机组作为风电场的核心，承担了将风能转换为电能的作用。风电机组通过塔架、地基基础等支撑结构固定在地面（海床）上，支撑结构是确保风电机组安全和正常运行的重要结构。海上风电机组支撑结构除了承受上部机组传来的风荷载、风轮转动惯性荷载、风电机组伺服控制作用外，还直接承受了波浪、海流、海冰、地震、海床运移、海洋环境腐蚀等复杂作用，是一个典型的多场耦合的结构动力学系统。海上风电机组支撑结构设计分析涉及空气动力学、水动力学、结构力学、岩土力学、机电控制等学科，属于海洋工程、风工程、结构工程、岩土工程、机械工程和机电控制工程等多专业交叉的设计研究新领域，一直是海上风电的重大关键技术和研究热点。一方面，由于其复杂性和高风险性，海上风电机组支撑结构占风电场建设成本的比例仅次于风电机组，通常占到总建设成本的 20% ~ 30% 。采用大容量机组、往深远海发展已经成为海上风电场开发的主要发展方向，在这种条件下支撑结构将面临更复杂的环境条件和更高的建设成本。另一方面，减少直至取消海上风电电价政策性补贴已经成为国内外海上风电发展的必然趋势，海上风电要实现可持续发展，将面临与常规电源同电价上网的巨大竞争压力。在这种技术和经济政策的双重挑战下，如何兼顾海上风电机组支撑结构的安全可靠和低成本开发是海上风电发展面临的迫切挑战，需要通过结构体系、理论、设计方法和设计手段等技术创新来应对这种挑战。

■ 1.2 支撑结构与地基基础的设计特点

1.2.1 海上风电机组结构体系

固定式海上风电机组结构体系主要由风机-机舱组件、支撑结构和地基基础三个部分组成，如图 1-1 所示。

1. 风机-机舱组件

风机-机舱组件包括风轮、轮毂、发电机组、传动系统等机械和电气部件。气流流经叶片的过程中，受叶片翼型特性的影响，对叶片产生升力和阻力形成力矩驱动叶片转动将风能转换为机械能，风轮通过传动系统带动发电机发电将机械能转换为电能。设置在叶片根部的变桨系统（pitch control system）通过调节叶片的桨距角，改变气流对叶片的攻角，进而控制风轮捕获的气动转矩和气动功率。机舱和支撑结构连接处设置偏航系统（yaw control system），通过偏航系统调整风机-机舱组件绕支撑结构的转动，实现在发电工况下的对风和极端风况的安全避风。

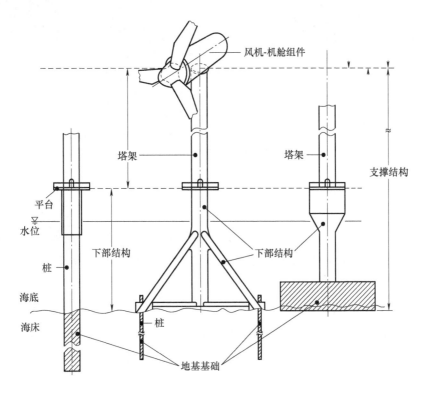

图 1-1 海上风电机组系统组成

2. 支撑结构

风机-机舱组件通过支撑结构伫立在海床，支撑结构将上部风机荷载传递到海床，同时承受作用在其上的波浪、水流、海冰、风等环境荷载作用。支撑结构分为塔架（tower）和下部结构（sub-structure）两个部分。塔架通常采用圆柱（锥）形钢筒结构，塔架底部开设进出塔架的门洞，并在其外侧设置工作平台。塔架通过偏航系统与机舱连接，并通过法兰与下部结构连接。下部结构除了传递上部风机和塔架荷载外，还直接承受海洋环境荷载作用，需要根据海上风电场的海洋水文气象和岩土工程条件开展有针对性的结构选型和设计。工程实践中常用的固定式下部结构包括单桩、高承台群桩、导管架、重力式和筒形基础等结构形式，如图 1-2 所示。

3. 地基基础

基础结构将上部荷载传递到海床地基。海上风电机组地基基础需要根据风电场具体的环境条件进行选型和设计，常用的地基基础类型包括桩基础、天然地基基础、筒形基础等。

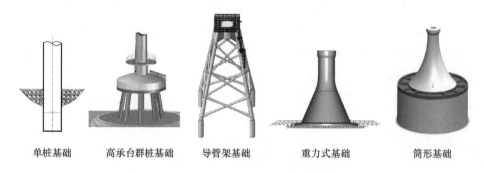

| 单桩基础 | 高承台群桩基础 | 导管架基础 | 重力式基础 | 筒形基础 |

图 1-2　海上风电机组常用的下部结构形式

1.2.2　支撑结构与地基基础的工程特性

海上风电机组支撑结构与地基基础是一个在海洋环境中支撑风电机组的高耸结构体系，具有海洋工程结构、大型动力设备支撑结构和高耸结构三大工程特征。这三种不同工程特征的交叉耦合导致其具有区别于某个单一结构特征的显著工程特征。准确识别和把握这种工程特性是海上风电机组支撑结构合理选型和正确设计分析的重要前提。

1. 海洋工程结构特征

海上风电机组作为一个屹立在海洋中的结构体系，海洋工程属性是它的基本结构特征，主要表现为结构在潮汐、波浪、水流、海冰、海床运移和海洋环境腐蚀等海洋环境作用下的结构特征。

海上风电机组支撑结构承受波浪和水流等环境荷载作用。极端环境条件下的波浪荷载往往成为影响支撑结构安全的控制性荷载。波浪荷载具随机性和动力特性，波浪与支撑结构的相互作用、波浪荷载导致的结构疲劳损伤是影响风电机组支撑结构安全的重要因素。

寒冷区域海上风电场需要考虑海冰对风电机组支撑结构物的影响。海冰挤压和浮冰撞击对支撑结构产生巨大的推力，尤其是在某些冰情环境条件下支撑结构在海冰动力作用下会产生持续剧烈的冰激振动，严重影响风电机组的正常运行并导致结构疲劳损伤。

在波浪和水流作用下海床产生冲刷，削弱了地基对基础的约束和承载能力，降低了支撑结构的刚度、稳定性和承载力。水流流经结构物产生的漩涡脱落可能会诱发涡激振动给结构安全带来风险。波浪作用导致海床土体应力状态的变化可能会诱发海床地基的破坏。

海上风电机组支撑结构在海洋环境条件下往往产生较严重的腐蚀问题。同时，海洋生物在支撑结构上的生长附着，往往会加大结构的腐蚀程度，而且改变结构的几何和质量特性。

2. 高耸结构特征

采用大容量机组和往深远海发展是海上风电的现状和重要发展趋势。为了满足大容量机组对长叶片的要求，海上风电机组需要采用更高的塔架，同时下部结构的高度随着水深的增加而增加。在这种条件下海上风电机组支撑结构的高度可达 100~150m，而作为支撑结构主体的塔架的直径通常在 4~8m 范围内，属于结构高宽比非常大的高耸结构体系。这种高耸结构的特性导致海上风电机组支撑结构具有较低的频率，同时在风和波浪等环境荷载作用下地基基础出现较大的偏心效应。

海上风电机组支撑结构的一阶自振频率常常小于 0.30Hz，在水深超过 30m 采用单桩基础的情况下甚至低于 0.25Hz，明显低于相同水深条件下常规海洋石油平台结构的频率，更接近于波浪能量谱峰值区段的频率范围，从而导致比较明显的波浪荷载动力放大效应。

作为一个以承受风和波浪侧向荷载为主的高耸结构，海上风电机组塔架底部的竖向荷载主要是上部自重，其数值通常不超过 10MN，而倾覆力矩的范围通常为 150~250MN·m，相应的偏心距达到 15~25m。如果考虑下部结构承受的波浪和水流荷载，则在海床泥面位置具有更大的偏心距。在大偏心受力情况下，基底反力分布不均匀程度非常高，在采用群桩基础时受拉侧基桩承受巨大的上拔力，桩基础承载力设计通常受抗拔控制，对桩基的入土深度提出了更高的要求。这种以抗拔承载为主的情况，在浅覆盖层条件下往往需要桩基嵌岩，给我国福建、广东等浅覆盖层区域海上风电桩基础的设计和施工带来了很大的挑战。

3. 动力设备支撑结构特征

海上风电机组支撑结构承载的对象为风电机组动力设备，风电机组的荷载特性和运行特性导致其支撑结构的工程特性与建筑结构、桥梁和海洋石油平台等存在较大差异。动力设备支撑结构是海上风电机组支撑结构的结构特征，主要表现为风电机组运行对荷载和结构振动的影响等。

风荷载是风电机组支撑结构承受的主要荷载之一，包括作用在风轮上的风荷载及作用在机舱和支撑结构上的风荷载。后者与常规建筑结构风荷载类似，但是风轮上的风荷载具有较大的复杂性。叶片变桨、机舱偏航、风轮旋转等都对风轮上的风荷载产生很大影响。同时机组功率调节、转速调节、安全保护等动作对支撑结构荷载产生影响。这些复杂因素导致支撑结构传递到基础顶部的荷载具有较大的复杂性、随机性和时变性。

动力荷载作用下的结构设计需要考虑由于结构自振频率与动力荷载频率接近而导致的动力放大效应问题，要避免两个频率重合导致的共振。海上风电机组支撑结构的主要激振来源包括风轮转动、波浪和风湍流，风电机组风轮通常采用 10~20r/min 转速，这三种激振作用的频谱特性如图 1-3[1] 所示，从图中可以看出，风电机组风轮转动时叶片扫掠所产生的周期性荷载是支撑结构最主要的激振源。对于最常用的三叶片风电机组，风电机组支撑结构的自振频率需要避开叶片扫掠一周的频率 $1P$ 和其三倍频率 $3P$。在实际设计中如果采用小于1P的低频避开策略，则往往会由于支撑结构刚度过低导致变形等结构响应无法满足要求；而如果采用大于3P的高频避开策略，则结构刚度过大导致支撑结构的成本无法接受。避免风轮激振的合理策略是控制系统频率处于1P～3P之间，而由于风电机组风轮转速范围较宽，导致全转速范围内的1P～3P频带往往比较宽，从而留给风电机组支撑结构允许的自振频率带就会非常窄，给支撑结构频率控制带来了很大的挑战。在某些条件下风轮转速范围内1P和3P频率出现重叠，在这种情况下需要采用在激振转速点上变转速快速通过的策略避开共振。

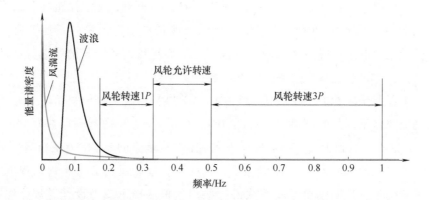

图1-3　风电机组支撑结构激振荷载的频谱特性

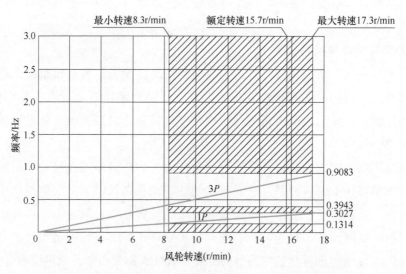

图1-4　风轮转速1P和3P与支撑结构允许频率分析

　　下面给出一个风轮转速1P和3P与支撑结构允许频率分析的例子。某机组风轮转速的1P和3P如图1-4所示。其转速范围为8.3～17.3r/min（额定转速为15.7r/min），根据该转速计算叶片扫掠1周的频率1P = 0.1383～0.2883Hz，3P = 0.4150～0.8650Hz。为了避免支撑结构与风轮旋转产生共振，结构一阶频率的允许值可以落在3个区间：①低于1P最小值0.1383Hz的区间；②位于1P最大值和3P最小值之间的0.2883～

0.4150Hz；③高于 3P 的最大值 0.8650Hz 的区间。如果选择区间①则由于频率过低导致结构刚度不足，如果选择区间③则要求结构刚度太大经济性无法接受。因此区间②是合理允许频率范围。在设计中考虑 5% 的安全余量后该支撑结构允许的一阶自振频率为 0.3027 ~ 0.3943Hz。

■ 1.3 一体化设计与分离式设计的基本概念

1.3.1 一体化设计的基本流程

在结构分析中，由多个结构构件或者不同结构体系组成的复杂系统常常采用分离式设计分析方法将整体结构切割成多个子系统，分别施加相应的荷载和边界条件进行计算分析，并通过在各子系统界面上的力学平衡和变形协调满足系统整体性，如房屋建筑结构中的上部结构与下部地基基础，桥梁结构中桥面梁板、桥墩和地基基础等。对于线性静力结构系统，分离式设计方法具有较好的合理性。但是对于非线性动力结构系统，分离式设计分析方法存在较明显的缺陷：动力作用下结构体系的响应与系统整体的质量分布、刚度分布和阻尼有很大关系，将整体系统切割为子系统破坏了动力系统的完整性导致其动力响应失真；另一方面，对于非线性特性显著的结构体系，荷载与结构响应并不存在线性关系，分离式设计分析方法无法正确获得多种荷载共同作用下的结构动力响应。因此，对于非线性的结构动力系统，正确的分析方法应该是进行整体分析。

海上风电机组结构体系由"风电机组-支撑结构-地基基础"构成，风电机组和塔架主要承受风荷载和风轮转动的惯性荷载，下部结构和地基基础主要承受塔架传递到基础顶部的风机荷载，以及波浪、海流、海冰和地震等环境荷载。该结构体系是一个以承受动力环境荷载为主的高耸柔性结构，各主要部件的质量、刚度对系统结构动力特性产生显著影响，风、浪等主要环境荷载与风轮转动惯性荷载之间产生较大的耦合效应，同时叶片、地基基础等存在明显的材料非线性特性。对于这样一个整体耦合的动力学系统，应该采用一体化设计分析方法进行建模和分析，即应该采用整体动力学模型，建立一个包括"风电机组-支撑结构-地基基础"的完整统一的结构动力学模型，开展风、波浪、海流、海冰等环境荷载和风电机组伺服控制系统等共同作用下的一体化动力时程分析，才能够准确地获取运动、变形、内力等结构动力学响应从而进行正确的设计。海上风电的一体化设计分析涉及空气动力学、水动力学、结构动力学、岩土力学、控制系统、数值分析多学科交叉，属于海上风电设计的重大关键技术。

1.3.2 分离式设计的基本流程

虽然一体化设计分析方法可以正确地反映海上风电机组支撑结构及地基基础的动力响应，但是该方法在我国海上风电设计的实际工作中遇到了较大的障碍，主要原因在于当前我国海上风电设计的行业分工和责任差异。根据当前海上风电设计的分工，海上风电机组及塔架设计通常由风电机组设备供应商负责，下部结构和地基基础设计由风电场设计单位承担。风电机组设备商基于技术和商业保密要求通常无法给风电场设计单位提供完整的风电机组模型，也不承担下部结构及地基基础的建模和波浪、水流等环境荷载的计算责任。在这种条件下，风电机组下部结构和地基基础通常采用分离式设计，通过分别对下部结构和地基基础建立独立的模型后，施加塔架底部荷载和其他荷载后进行计算分析。分离式设计方法主要包括超单元迭代方法和常规迭代方法。

1. 超单元迭代方法

该方法的计算过程如图 1-5 所示：①基础设计方根据风电机组设备商提供的塔架底部评估荷载 F_{f0}（6×1 的列阵），通过计算分析提出下部结构和地基基础设计方案；②根据有限单元法的子结构原理，将下部结构和地基基础的质量、刚度和荷载"凝聚"到塔筒底部，分别形成一个包括 6×6 自由度的等效刚度矩阵 K_s、6×6 的等效质量矩阵 M_s 和 6×1 的等效荷载列阵 F_s 的超单元；③风电机组设计方将该超单元加到塔架底部，与塔架和风电机组耦合后施加风荷载进行整体荷载仿真分析后得到塔架底部的荷载 F_f（6×1 的列阵）；④比较迭代前后塔架底部荷载阵列 F_f 和 F_{f0} 的差异，如果两者差异超出允许值，则基础设计方根据 F_f 调整设计后重复上述迭代过程。

超单元迭代方法将下部结构和地基基础通过等效超单元耦合到风电机组和塔架进行整体荷载仿真，比较合理地反映了上、下部结构及风和波浪等荷载的共同作用，同时基础和风电机组设计方保持了各自独立的工作范围和责任：基础设计方承担下部结构和地基基础设计及海洋水文环境荷载计算责任，且相关成果以超单元"黑匣子"方式提供给风电机组设计方；风电机组设计方承担整体荷载仿真和风电机组及塔架设计责任，风电机组技术资料无须提供给基础设计方。超单元迭代方法的另一个优点在于其可以依托第三方分析工具处理各种复杂的结构和地基基础问题，可以弥补当前风电机组整体荷载仿真软件对复杂结构和地基基础模拟能力较弱的缺陷。

超单元迭代方法存在的主要问题包括以下三个方面：

1）整体荷载仿真中下部结构及地基基础仅是一个"黑匣子"的超单元，因此在整体荷载仿真中无法直接得到下部结构和地基基础具体部位的内力、位移、变形等响应信息，需要通过对超单元施加塔底荷载和其他海洋环境荷载进行"逆向处理"重新计算；超单元尤其是荷载列阵的生成是一个非常耗时的工作，而且在最后求解基础响应的"逆处理"中仍需要重新进行一次波浪等环境荷载计算，这种处理方法显著增加了设计的复杂性和工作量。

2）风电机组结构动力体系的完整性在分离式设计中被割裂为上下两个独立结构，仅通过塔架底部荷载传递进行联系。即使在整体荷载仿真后提供塔架底部的荷载时间序列，由于下部结构和地基基础的分离式模型不能正确反映整体结构体系动力学特性，且上部风场与下部波浪场在分离式模型中难以实现同步施加，在这种情况下无法对下部结构和地基基础进行动力时程分析，往往只能进行静力分析。在实际工程设计中风电机组设计方通常只提供塔架底部 6 个自由度的定常极值荷载，在这种条件下下部结构和地基基础设计只能采用风机荷载效应最大值和其他环境荷载效应最大值的简单叠加，这种处理方法显然高估了结构动力学的极值响应。

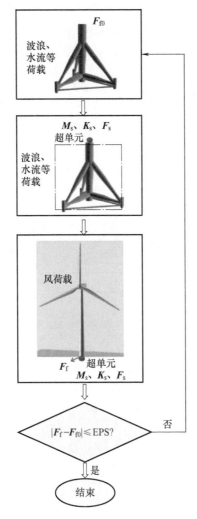

图 1-5　超单元迭代方法

3）该方法在下部结构及地基基础疲劳损伤分析中存在非常明显的缺陷。根据结构疲劳损伤的 $S\text{-}N$ 曲线，损伤与疲劳应力幅并非线性关系，因此多种循环荷载共同作用下的结构疲劳损伤分析，应该采用多种荷载共同作用下的应力幅进行分析，而不应采用单个荷载作用下疲劳损伤的简单叠加。如前所述，超单元作为一个"黑匣子"在整体荷载仿真中无法直接"显式"得到风、浪等荷载共同作用下结构具体部位的内力，因此无法基于风、浪荷载共同作用下疲劳应力幅进行疲劳损伤分析，只能根据风电机组设计方提供的塔底等效疲劳荷载计算风机荷载导致的损伤，然后与波浪荷载导致的结构损伤进行简单叠加后得到风-浪荷载共同作用下的总损伤。这种疲劳分析方法不符合 S-N 曲线的损伤理论，可能会导致较大失真。

2. 常规迭代方法

超单元迭代方法的实际实施过程比较复杂，因此我国海上风电设计中较少采用这种方法，而是采用常规迭代方法，该方法与超单元迭代方法的主要区别在于风电机组设计方采用实际模型取代超单元进行整体荷载仿真分析。该方法的计算过程如图 1-6 所示：①基础设计方根据风电机组设备商提供的塔架底部评估荷载 F_{f0}（6×1 列阵），通过计算分析提出下部结构和地基基础设计方案；②风电机组设计方根据下部结构和地基基础设计方案，建立整体模型后施加荷载进行整体荷载仿真分析，得到塔架底部的荷载 F_f（6×1 列阵）；③比较迭代前后塔架底部荷载 F_f 和 F_{f0} 的差异，如果两者差异超出允许值，则基础设计方根据 F_f 调整设计后重复上述迭代过程。

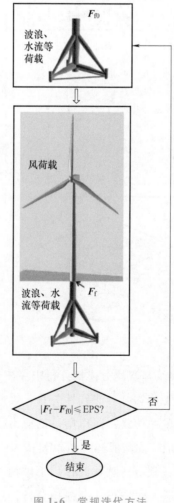

图 1-6　常规迭代方法

常规迭代方法不需要通过超单元进行整体荷载仿真分析，减少了基础设计的工作量。虽然该方法在整体荷载仿真中可以直接获得下部结构具体部位的内力、位移和变形等响应信息，但是由于下部结构和地基基础建模及荷载施加是由风电机组设计方完成的，为了区分设计责任，风电机组设计方通常仅提供塔架底部的荷载，基础设计方仍需要根据塔底荷载对下部结构和地基基础进行设计计算，因此常规迭代方法的其余缺点与超单元迭代方法相同。同时由于下部结构及地基基础建模需要在整体荷载仿真软件中完成，受当前风电机组整体荷载仿真工具对复杂结构及地基基础模拟能力不足的制约，复杂的结构往往需要做较大的简化处理。

1.3.3 一体化设计的必要性及意义

一体化设计的优点是相对于目前国内海上风电支撑结构设计普遍采用的分离迭代法的不足而言的。风电机组结构动力体系的完整性在分离式设计中被割裂为上下两个独立结构，仅仅通过塔架底部荷载进行传递，导致地基基础设计中无法实现环境荷载的真实组合或耦合，这是分离式设计方法在力学机理上的缺陷。为了应对这种荷载的不确定性和风险，工程设计中往往采用加大安全储备的方法。目前采取的设计方法是将塔架底部的极限荷载定常值直接与下部的风和波浪等荷载进行叠加，在很大程度上高估了结构的极值响应，而对疲劳分析采用塔架底部疲劳荷载损伤和下部波浪疲劳损伤简单叠加的方法与损伤和应力幅的非线性关系不符，从而导致很大的不确定性。一体化设计采用整体统一的模型进行分析，可以有效解决分离式设计极值响应偏大和疲劳损伤不确定的问题，为支撑结构和地基基础的合理设计及优化设计提供了正确的方法。

当前海上风电机组、塔架和下部结构及地基基础的设计分别由两个不同的设计方承担，由于两个设计主体之间不同的利益诉求和设计控制标准，分离式设计难以从风电机组整体系统最优的角度进行设计优化。而基于一体化设计的优化可以将风电机组-支撑结构-地基基础整体系统作为全局优化对象，以系统总成本或全生命周期度电成本最低作为目标，将风电机组、塔架、下部结构和地基基础的主要设计参数作为设计变量，将荷载、位移、变形、频率、应力等主要参数作为状态变量，以相关的设计恒准作为约束函数，对整体系统进行优化设计。系统全局优化是海上风电一体化设计的突出优势。

■ 1.4 一体化设计的现状

在海上风电技术发展的过程中，风、浪等环境荷载的耦合、环境荷载与风电机组结构系统的耦合、支撑结构及地基基础与风电机组的耦合等一体化相关的内容一直是研究热点。欧洲、美国等通过数值仿真和模型试验等手段对海上风电机组及支撑结构一体化设计开展了大量研究工作[2-8]。在海上风电工程设计领域，丹麦、英国等国在项目开发商的主导下或者借助于设计认证第三方平台，通过风电机组支撑结构与地基基础设计信息的共享，已经将一体化设计应用于工程设计和优化[9]。国外海上风电一体化研究与应用的突出成果表现为形成了若干一体化设计技术标准并开发了相关设计分析工具，典型成果包括：海上风电机组设计国际标准《Wind Turbines Part 3：Design Requirements for Offshore Wind Turbines：IEC 61400-3》[10]；全球最大海洋工程设计及认证商 DNG-GL 发布海上风电支撑结构设计标准《Support Structures for Wind Turbines：DNV GL-ST-0126》[11]；DNV-GL 开发的海上风电机组一体化仿真工具 Bladed[12] 和 Sima；美国国家可再生能源试验室（NREL, National Renewable Energy Laboratory）开发的海上风电机组一体化仿真工具 Fast[13]；国际能源署（IEA, International Energy Agency）主持完成了 OC3、OC4 和 OC5 项目（Offshore Code Comparison Collaboration 3、4、5phase），对全球各研究机构提供的海上风电一体化仿真分析软件的计算成果分别进行相互对比，并与标准模型试验进行对比分析，取了丰富的成果[14]。

我国相关高校对海上风电机组在风-浪耦合下的动力学响应开展了相关研究，国内各主要风电机组设备研制单位结合我国海上风电场工程建设实践，联合风电机组基础设计方，普遍开展了一体化荷载仿真分析工作[15-20]。但受设计工作范围分工和责任的制约，一体化设计工作大多仅处于荷载仿真阶段，仍停留在通过塔底荷载传递的方式采用分离式方法开展基础设计，尚未开展真正意义上的一体化设计分析，同时对支撑结构与地基基础分离式与一体化设计的差异仍缺少深入的对比分析。目前我国海上风电机组地基基础设计规范推荐的主要设计方法为采用塔架底部荷载作为基础上部输入荷载的分离式设计方法[21-22]。国内部分风电机组设备厂家基于云计算技术建立一体化分析平台，与基础设计方开展一体化设计合作，并已开始在海上风电项目中开展应用[23]。

■ 1.5 本书主要内容

本书在分析揭示海上风电机组支撑结构与地基基础的工程特性的基础上，分析了目前海上风电基础设计中常用的分离式迭代设计方法的不足，提出了固定式海上风电一体化设计的理念，阐明了一体化设计的优点及必要性。系统阐述了一体化设计所涉及的风电机组、支撑结构、地基基础力学模型和风、波浪、海流、海冰环境条件及其荷载。采用一体化设计方法针对典型算例开展了极端环境条件和正常发电工况下的支撑结构与地基基础动力计算，分析了极端环境条件下的塔架底部荷载特性，风-浪耦合、风-海冰冰激振动耦合条件下一体化与分离式设计的差异。阐述了一体化疲劳损伤分析的基本原理和分析流程，通过典型算例对风-浪耦合、风-海冰冰激振动耦合的结构疲劳损伤进行了研究。提出了海上风电机组地基基础承载和变形循环弱化的分析方法。根据地基基础承受大偏心荷载的特点，提出了考虑下部结构整体协同作用的海上风电机组群桩基础承载力分析的理念，通过工程案例阐述了该方法的具体实施流程。本书围绕海上风电机组支撑结构与地基基础一体化设计分析的基本概念、基本原理、分析模型、计算方法和实际应用进行了系统阐述。

第1章分析了海上风电机组支撑结构与地基基础的工程特性，阐述了一体化设计和分离式迭代设计的基本概念，针对支撑结构的工程特性分析了分离式设计的缺陷，阐明了一体化分析的优点和意义，并对国内外一体化设计现状做了简述。

第2章介绍了海上风电场建设中常用的几种固定式风电机组下部结构与地基基础类型，包括单桩基础、高承台群桩基础、导管架基础、重力式基础和筒形基础，针对每种基础重点阐述了其结构形式、荷载传递与承载特性及设计特点。

第3章系统阐述了海上风电机组支撑结构与地基基础一体化设计模型。介绍了风力发电基本原理，依次建立了风轮叶片、机舱、支撑结构和地基基础数值分析模型，阐述了风、波浪、海流、海冰环境条件及其荷载计算，最后阐述了一体化分析动力学方程的数值求解方法。

第4章开展了风、浪、海冰和地震等极端环境条件和正常发电工况下的一体化设计。针对典型算例分析了风-浪耦合、机舱偏航、地基刚度、结构阻尼对塔底极端荷载的影响，对风-浪耦合条件下一体化设计和分离式设计的主要结果进行了对比分析，完成了风-冰激振动耦合的一体化分析，对直立桩结构和带抗冰锥结构的冰激振动响应进行了对比分析。分析了正常发电工况下风电机组风轮旋转动态效应对结构响应的影响。通过一体化分析研究了地震与风共同作用下的结构响应。

第5章开展了一体化疲劳损伤分析。阐述了一体化疲劳损伤分析的基本概念和分析流程，针对典型案例分别开展了风-浪耦合和风-冰激振动耦合的疲劳分析，比较不同荷载组合和结构损伤组合的差异。阐述了根据静载和循环加载三轴试验对海洋饱和软黏土和粉砂进行刚度和强度循环弱化性能分析的理论和方法，提出了一个基于动偏应力水平和累积塑性应变的土体疲劳弱化模型。研究了支撑结构动态效应对疲劳荷载的影响。

第6章提出了考虑下部结构和群桩整体协同作用的桩基承载力分析的理念和方法。针对高承台群桩基础工程案例，阐述了协同作用下群桩承载力的分析方法，在对主要计算成果进行对比分析的基础上提出了海上风电机组群桩基础设计抗拔承载力安全系数取值的建议。

第2章 下部结构与地基基础的类型及设计特点

与上部风电机组和塔架相比，下部结构与地基基础处于海水和海床岩土环境中，除了承受上部传来的机组荷载外，还直接承受波浪、海流、海冰、海床运移、海水腐蚀等复杂海洋环境作用；同时，海床岩土工程条件对地基基础承载能力和稳定性产生直接影响，海洋环境条件对下部结构与地基基础的施工安装产生重要影响。因此，海上风电机组下部结构与地基基础结构选型及设计分析需要根据风电场具体的海洋水文气象、岩土工程和海上施工安装条件开展针对特定场址条件的设计（design based on specific condition）。根据国内外海上风电场工程建设实践，目前水深50m以内常用的固定式下部结构与地基基础类型主要包括单桩基础、高承台群桩基础、导管架基础、重力式基础和筒形基础等。在水深超过50m的条件下常常需要采用漂浮式基础，主要包括驳船式、半潜式、单柱式、张力腿式等。本章介绍常用的固定式下部结构与地基基础类型，包括其结构形式特点、荷载传递及承载特性，以及在一体化设计中其区别于常规工程基础的若干特点。

■ 2.1 单桩基础

2.1.1 单桩基础的结构形式

单桩基础采用一根埋设在海床中的大直径圆柱形钢管桩支撑上部塔架和风电机组。单桩结构的主体是一根圆柱形钢管，其制作加工难度相对较低。在海床覆盖层厚度满足桩长的条件下，常采用大功率沉桩设备将单桩直接打入海床，单桩基础应用在覆盖层较浅的条件下需要进行嵌岩。由于制造简单和施工快捷，单桩基础是目前海上风电机组基础中应用比例最高的基础类型，在全球已建海上风电场中应用比例超过75%。欧洲作为全球海上风电发展最早和装机容量最大的地区，由于其海上风电场上部海床普遍分布强度较高的砂土层，在早期风电机组单机容量相对较小，开发水深30m以内的海上风电场中大部分采用单桩基础。目前我国已建海上风电场中约2/3的风电机组基础采用单桩基础。

1. 直接打入式单桩基础

单桩基础由主体桩和附属结构组成，主体结构为一根大直径钢管桩，附属结构包括工作平台和靠泊结构等，如图2-1所示。根据目前已建风电场的风电机组荷载和海洋水文及岩土工程条件，单桩入土段直径为 4～8m，壁厚 40～100mm。为了调整沉桩过程的桩身的倾斜以满足上部塔架和风电机组的安装要求，可以采用在单桩顶部设置过渡段，通过过渡段的调整来弥补单桩的倾斜，并在过渡段与单桩之间的环形空间灌入高强度灌浆材料实现连接。欧洲的单桩基础大都采用了带过渡段的形式。随着海上沉桩设备和技术的进步，海上单桩基础施工倾斜度的控制水平有了显著提升，在这种条件下可以取消过渡段。无过渡段单桩基础已成为我国海上风电单桩的主要形式（见参考文献 [24]）。无过渡段单桩减少了过渡段安装环节，进一步发挥了单桩施工快捷的优点。由于单桩基础刚度较低，其刚度和变形对海床冲刷较为敏感，通常需要在海床表面桩周一定范围内采取冲刷防护措施。

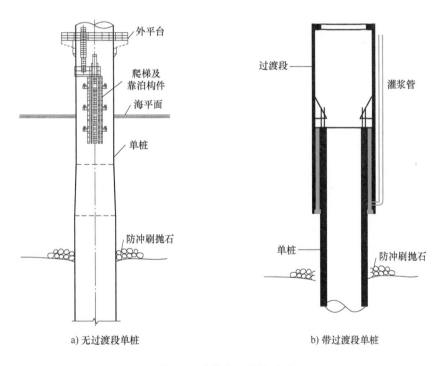

a) 无过渡段单桩   b) 带过渡段单桩

图 2-1 单桩基础结构形式

2. 嵌岩单桩

我国福建、广东等省海上风电场存在大范围分布的海底基岩埋深较浅或者单桩可直接打入的土层厚度较小的区域，在这种地质条件下需要采用嵌岩（或非完全打入桩）的形式。根据嵌岩施工工艺的差异，我国在海上风电建设中分别提出了"打-钻-打"嵌岩单桩、"植入"嵌岩单桩和"打-灌"嵌岩单桩三类嵌岩单桩基础形式。

（1）"打-钻-打"嵌岩单桩 该形式的单桩基础如图2-2所示。首先通过沉桩设备将单桩打到岩层顶面，然后通过钻岩设备在单桩下部岩层中进行钻孔作业，待钻孔深度达到设计深度后通过沉桩设备将上部单桩继续沉桩到位。根据岩层钻孔与单桩直径大小的关系可分为两种情况：采用扩孔工法的岩层钻孔直径大于单桩直径的时候，需要在嵌岩段和单桩之间进行灌浆处理；在岩层钻孔直径小于单桩直径的时通常不需要进行桩周灌浆处理，这种处理方法适用于岩层强度相对较低，通过桩内引孔后可直接打入的情况。

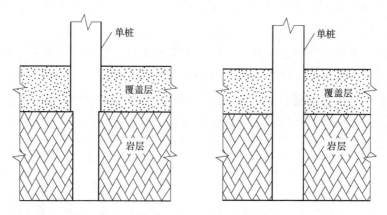

图2-2 "打-钻-打"嵌岩单桩

（2）"植入"嵌岩单桩 该形式的单桩如图2-3所示。首先通过钢护筒的辅助在岩层中钻出一个大于单桩直径的钻孔，然后将整根单桩植入钻孔，最后在单桩与外侧岩体之间进行灌浆。植入式单桩通常在覆盖层过浅无法满足沉桩过程单桩自稳的条件下采用。

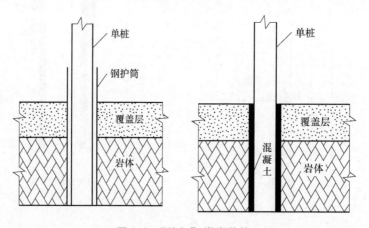

图2-3 "植入"嵌岩单桩

（3）"打-灌"嵌岩单桩 该形式的单桩如图2-4所示。将单桩通过沉桩设备打到岩层顶部，然后通过钻岩设备在单桩下部岩层中钻孔到设计深度，最后在岩层钻孔内放置钢筋笼并浇筑混凝土延伸进入单桩桩身内。这种类型的单桩是上部钢管桩和下部灌注桩的组合体。

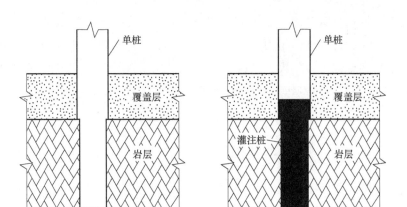

图 2-4 "打-灌" 嵌岩单桩

2.1.2 单桩基础结构体系的荷载传递及承载特性

如图 2-5 所示，上部结构传递到单桩基础顶部的荷载包括弯矩、竖向压力、水平力和扭矩，其中弯矩和水平力是量值最大的控制性荷载。单桩在塔底荷载和波浪及水流作用下产生弯曲和侧向变形，根据桩身刚度和土体侧向刚度的相对关系，桩身挠曲线呈现挠曲变形（弹性长桩）和近似刚体转动（刚性桩）两种状态。桩身弯曲挠度和侧向变形量随入土深度增加而减小。桩身弯曲和侧向变形对桩侧土体产生的挤压导致土体对桩身产生侧向抗力，单桩主要通过桩侧土体的侧向抗力来平衡桩顶的弯矩和水平力。侧向变形较大的区域主要在桩身上部，因此上部土体抗力对单桩承载和变形产生主要影响。

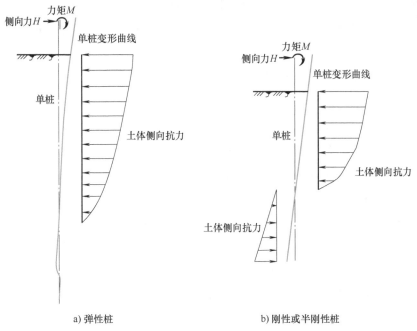

a) 弹性桩   b) 刚性或半刚性桩

图 2-5 单桩基础的荷载传递及承载特性

桩身弯曲变形在桩身两侧产生了方向相反的轴向位移，该轴向位移导致土体在桩身两侧产生方向相反的桩侧轴向阻力 f_s，从而形成一个与桩顶弯矩相反的力偶矩 $M_s = f_s D$，如图 2-6 所示。在单桩直径较大的情况下该力偶的力臂较大，力偶矩对抵抗桩顶弯曲会起到一定的作用，目前单桩承载力分析中大多忽略了这种影响。

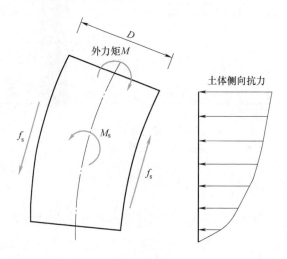

图 2-6　单桩桩身弯曲引起土体轴向侧阻力偶矩

2.1.3　单桩基础的设计特点

海上风电机组单桩基础的荷载传递及承载特性表明，其主要依靠桩侧土体的侧向抗力进行承载，因此土体侧向抗力模型及单桩侧向变形分析是单桩设计的特点和难点。大量的工程实践设计经验表明，海上风电机组单桩基础设计主要受桩基侧向变形和支撑结构系统的一阶频率控制。

1. 单桩基础土体侧向抗力模型

当前工程设计中主要采用 $p\text{-}y$ 曲线模拟桩侧土体侧向抗力。$p\text{-}y$ 曲线的详细描述见本书第 3 章 3.3 节的"地基基础模型"。黏性土和砂性土的 $p\text{-}y$ 曲线模型分别是由 Matlock[25] 和 Reese[26] 基于小直径单桩的现场试验数据，采用半理论半经验的方法推导的。Matlock 试验的桩径 $D = 0.32\text{m}$，入土长度 $L = 12.80\text{m}$；Reese 试验的桩径 $D = 0.61\text{m}$，入土长度 $L = 20.98\text{m}$，而目前海上风机单桩基础的直径通常可高达 $4 \sim 8\text{m}$，在这样的条件下传统 $p\text{-}y$ 曲线应用于海上风电机组大直径单桩时的适用性问题引起了工程界的普遍担心，其问题的实质是如何合理评价尺寸效应导致的承载和变形机理上的差异。由于大直径单桩足尺度原位侧向受力测试成本高昂，目前海上风电工程建设中还很难通过足尺度原位测试获取大直径单桩的 $p\text{-}y$ 曲线供设计使用，设计实践中通常只能结合工程经验对传统 $p\text{-}y$ 曲线的计算结果进行分析后采用。

传统 $p\text{-}y$ 曲线针对大直径单桩适用性的实质是尺寸效应对承载和变形的影响。而三维有限元模型在理论上并不存在这类性质的尺寸效应问题。为此本书提出了一种基于三维有限元法和原位小尺度桩基测试数据率定或反分析的大直径单桩侧向受力分析方法。该方法根据原位小尺度桩基测试验证或反演有限元模型后将其用于大直径单桩分析。这种方法通过有限元模型的验证或反演取代 $p\text{-}y$ 曲线的直接反演来解决现场小直径桩基测试结果应用于大直径桩设计中遇到的困难。下面介绍该方法的一个工程应用案例。

某海上风电场对一根直径 1.70m，入土深度 83m 的钢管桩进行了分级加载的水平承载测试。采用 HSS 小应变硬化土模型[27]和壳单元三维有限元法对测试结果进行了数值仿真。仿真和测试结果的对比分析如图 2-7 所示，结果显示有限元计算的桩顶位移与实测结果吻合程度很好，而 $p\text{-}y$ 曲线的计算结果与实测结果相比明显偏高，从而验证了该有限元分析模型的准确性。随后选择不同直径的单桩分别进行 $p\text{-}y$ 曲线模型和三维有限元模型计算，以有限元计算结果作为桩身变形的真实值，得到 $p\text{-}y$ 曲线模型的桩身侧向刚度 H_p 与真实刚度 H_a 的比值 H_p/H_a 随桩径变化情况，如图 2-8 所示，结果显示随着桩径的不断增加，采用 $p\text{-}y$ 曲线计算得到的桩身刚度相对于真实刚度的比值不断降低，当桩径为 6m 的时候其侧向刚度只有实际刚度的 75%。这表明传统 $p\text{-}y$ 曲线模型应用于大直径单桩计算时明显低估了土体的侧向刚度，导致计算变形结果偏大。

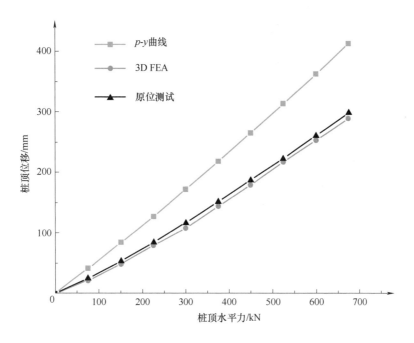

图 2-7 单桩水平荷载试验与 $p\text{-}y$ 曲线和有限元计算结果对比

2. 单桩基础泥面的累积变形计算

我国 NB/T 10105—2018《海上风电场工程风电机组基础设计规范》规定，单桩基础计入施工误差后泥面处整个运行期内循环累积总倾角 θ 不应超过 $0.50°$[21]。土体在循环荷载作用下的累积变形量可以通过一体化设计获得运行期疲劳荷载应力幅值和循环次数后，采用土体循环弱化理论计算得到，但是这种分析较复杂，针对实际工程设计，欧洲海上风电设计行业给出了单桩泥面循环累积总倾角 θ 的简化计算方法，如图 2-9 所示。

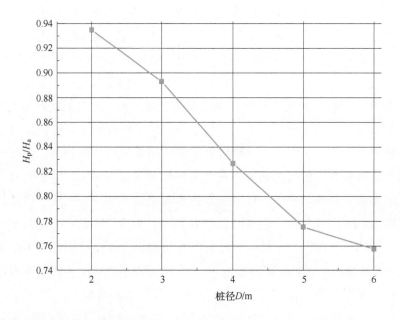

图 2-8　$p\text{-}y$ 曲线得到单桩刚度与真实刚度比值随桩径 D 变化的关系

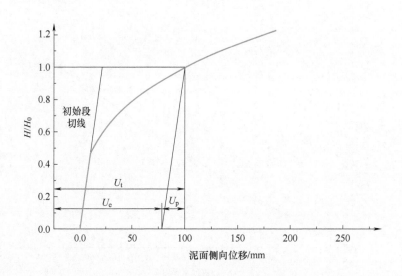

图 2-9　单桩泥面侧向塑性变形计算

单桩泥面侧向总位移 U_t 等于弹性位移 U_e 和塑性位移 U_p 之和，即

$$U_p = U_t - U_e \tag{2-1}$$

总位移 U_t 采用正常运行状态下桩顶的最大荷载和 $p\text{-}y$ 曲线模型计算得到。假设卸载刚度为泥面处桩身变形与荷载关系曲线在初始点的切线刚度，则弹性变形 U_e 可根据该卸载刚度和相应的荷载计算得到，然后根据式（2-1）可以得到残余塑性变形 U_p。假设单

桩泥面循环累积总倾角 θ 等于残余塑性变形 U_p 对应的桩身倾角，该倾角根据 U_p 和桩身第一个位移零点以上的入土段长度 L 按下式计算：

$$\theta = \arctan\left(\frac{U_p}{L}\right) \tag{2-2}$$

上述方法是基于弹塑性力学基本原理并根据欧洲以砂土为主的工程实践经验给出的，在欧洲海上风电单桩设计中得到了较广泛的应用。但是该方法应用于黏性土尚缺少工程实践经验的验证，同时存在黏性土 $p\text{-}y$ 曲线初始刚度求解困难的问题。由于黏性土 $p\text{-}y$ 曲线为双曲函数，其理论初始刚度值为无穷大值，需要通过对 $p\text{-}y$ 曲线进行离散才能求解其初始刚度，初始刚度值对方程离散方式较敏感从而导致了计算结果的不确定性。黏性土 $p\text{-}y$ 曲线初始刚度问题的分析见本书 3.3.1 节"桩-土相互作用模型"。

3. 单桩基础入土长度控制标准

根据桩身刚度与土体刚度的关系，侧向受荷桩可分为弹性桩、刚性桩和半刚性桩。弹性桩的桩身挠曲变形出现至少两个位移零点，桩身表现为弹性挠曲变形；刚性桩的变形主要表现为绕桩身一点的刚体转动；半刚性桩的变形形态介于弹性桩和刚性桩之间。早期的单桩基础设计为了增加桩身抵抗侧向变形的安全度，通常按照弹性桩来控制桩身最小入土深度从而导致桩长较长。随着海上风电工程实践的发展，入土长度的控制标准呈现逐渐放宽的趋势，目前已经放宽至按半刚性桩控制，即按桩身挠曲线在桩端处出现竖向切线段控制最小桩身入土深度。

4. 单桩基础对风电机组支撑结构系统频率的影响

如前所述，为避免风电机组风轮转动频率与支撑结构自振频率重合导致的共振，需要对风电机组-支撑结构-地基基础系统的频率进行控制，从而避免共振所允许的频率带宽通常都比较狭窄。由于单桩基础的刚度相对较低，采用单桩基础的海上风电机组系统的一阶自振频率往往容易接近风轮转速的 P 频率，工程设计实践表明单桩基础设计大多受频率控制。结构频率主要取决于系统的质量和刚度，因此桩基础刚度对系统频率计算产生较大影响。桩基础采用 $p\text{-}y$、$t\text{-}z$ 和 $q\text{-}z$ 曲线分别模拟侧向、轴向和桩端的桩-土相互作用，这三条曲线的力学模型是在桩周设置一系列离散的非线性弹簧来模拟桩-土相互作用，以弹簧刚度曲线来描述桩-土相互作用下的荷载-变形关系。结构频率计算通常归结为对线性系统特征值的处理，因此需要对桩-土相互作用的非线性行为进行线性化处理，这种处理需要全面考虑不同荷载工况下的刚度差异对系统频率的影响。由于海上勘察手段的限制和长期循环荷载作用下岩土力学强度退化等影响，岩土工程参数存在较大变异性，需要合理评估这些参数的不确定性对系统频率的影响。因此相对于上部风电机组和塔架而言，对桩基础刚度的准确评估是系统频率分析的最大困难和风险。在设计实践中，需要通过敏感性分析来评估桩基础刚度变化对系统频率的影响，通常情况下以桩-土相互作用弹簧曲线的初始刚度、岩土力学参数取值上限和海床无冲刷代表系统频率的上限，以极限荷载对应的桩-土相互作用弹簧曲线的刚度、岩土力学参数取值下限和海床最大冲刷代表系统频率的下限。

■ 2.2　高承台群桩基础

2.2.1　高承台群桩基础的结构形式

高承台群桩基础是在亚洲第一个海上风电项目上海东海大桥100MW海上风电示范项目设计中，中国长江三峡集团上海勘测设计研究院有限公司针对中国沿海深厚软土海床地基条件，并结合我国近海工程施工经验和设备首次提出的一种新型海上风电机组基础形式[28]，该基础在我国海上风电项目中获得了广泛应用，是目前我国海上风电场风电机组基础的主要形式之一。

该基础主要由桩基、混凝土承台、基础预埋环、连接件和靠泊构件等组成，如图2-10所示。打入海床的多根桩基可采用预制桩或者混凝土灌注桩，根据受力需要，桩基可以采用倾斜布置以提高结构整体侧向刚度。承台可采用现浇混凝土结构或预制装配式结构。多根桩基通过承台连成整体。承台高程根据潮位、防撞需求和结构整体受力确定。在承台中埋设一个钢结构预埋环，上部风电机组塔架通过法兰与该预埋环连接，或者采用预应力锚栓结构取代基础预埋环与塔架连接。在桩基和预埋环之间采用钢结构连接件进行连接，在采用预应力锚栓的情况下不设置连接件。通过钢结构连接件或预应力锚栓结构和承台混凝土的联合承载提高基础的荷载传递和承载性能。高承台群桩基础是结合我国海洋工程施工技术现状和海上风电场软土地基条件提出的一种新型海上风电机组基础形式，与大直径单桩基础相比具有以下特点：

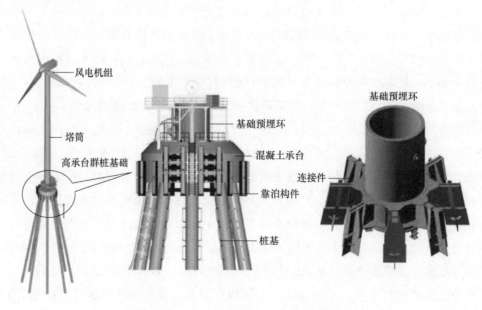

图 2-10　高承台群桩基础结构形式

1）由于基桩直径通常不大于2m，目前我国海洋工程施工企业具有大量的施工船机设备和丰富的施工经验可适应该桩基础的施工要求，有效解决了大直径单桩施工受大型打桩设备制约的问题。

2）由于采用可倾斜布置的中小直径群桩，该基础结构具有优异的侧向承载能力，可以有效解决我国东部沿海普遍分布的深厚软土地基条件下基础侧向承载力低的问题。

3）该基础具有较高的防撞性能。我国海上风电场通航条件的复杂性对风电机组防船舶撞击提出了较高的要求，高承台群桩基础可以根据通航条件合理设置承台高程，确保船舶撞击在承台而不是桩基，可以通过承台的整体协同作用将撞击力分配给群桩共同承载，从而显著提高了基础的防撞性能。

4）基础防腐耐久性能优异。根据潮位条件可将承台设置在腐蚀环境恶劣的浪溅区，从而可以充分发挥承台高性能混凝土优异的防腐耐久性。

2.2.2 高承台群桩基础结构体系的荷载传递及承载特性

海上风电机组高承台群桩基础的荷载分配和传递体系如图2-11所示。上部风电机组传递到基础预埋环顶部的倾覆力矩 M、水平力 H 及作用在承台和桩基上的波浪、水流等荷载是控制性荷载。上部荷载通过预埋环传递到承台顶部，由于承台刚度很大，在力矩作用下承台产生近似刚性位移的刚体转动，将力矩转换为群桩桩顶的轴向受压和受拉荷载 P，桩顶轴向荷载通过桩-土之间的轴向阻力 f_s 和端部阻力 f_p 传导到海床地基中；同时作用在承台上的波、流侧向荷载与通过预埋环传递下来的风电机组水平荷载 F_H，通过承台整体平动转换为群桩桩顶侧向剪力 Q，通过桩-土之间的侧向抗力 f_t 传递到地基中；直接作用在基桩上的波浪、水流荷载通过桩-土之间侧向抗力 f_t 传递到地基中。

2.2.3 高承台群桩基础的设计特点

1. 水动力荷载

波浪和水流力是海上风电机组基础承受的主要水动力荷载，由于我国海上风电场流速大多不大，波浪荷载通常是基础设计的控制性水动力荷载。波浪诱导下的流场特性计算和结构尺寸效应是波浪水动力荷载分析的关键。高承台群桩基础由于同时存在大中尺度承台和小尺寸基桩，其波浪水动力荷载计算具有特殊性和复杂性。如果可以准确地获得波浪诱导下的流场特性，则波浪荷载可以根据流体质点的速度和加速度计算获得。虽然根据波高、水深和波周期不同特性，提出了线性波、Stokes高阶波、流函数、孤立波和椭余波等多种波浪理论可用于不同环境条件下波动诱导流场的求解，但是由于高承台群桩基础上部大中尺度承台和下部小尺度群桩的影响，导致基础部位的波浪诱导流场水体质点运动紊乱，流场特性难以通过上述波浪理论准确分析。虽然小直径基桩的波浪荷载可以根据 Morrison 公式进行较准确的计算，但是由于承台直径 D 与波长 L 的比值 D/L 往往接近或超过 0.20，承台结构对波浪场的影响已经不能忽略。波浪遇到承台结构会产生绕射，生成绕射波场，同时承台大尺度结构在波流激励下会产生运动，生成向外辐射的波动场，绕射波场、辐射波场及结构运动相互耦合导致了承台-桩基组合结构的波浪水动力荷载的复杂性。目前我国在海上风电工程设计中采用的波浪荷载计算方法主要是以深水微幅线性波理论和小构件 Morrison 公式为基础，通过引进各种修正系数来考虑不同水深、波高、波长和结构尺度的影响[29]，这种简化计算方法往往高估了波浪荷载，难以准确评估高承台群桩基础的波浪荷载。在实际设计中需要借助于三维 CFD 方法或物理模型试验进行对比验证。下面给出两个实际工程高承台群桩基础波浪荷载试验与设计规范计算成果的对比。

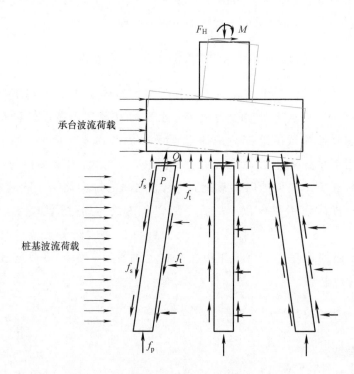

图 2-11　高承台群桩基础的荷载传递及承载特性

（1）承台波浪荷载规范计算值与物理模型试验值对比分析　单机容量 3.0MW 风电机组高承台群桩基础，承台直径 $D = 14\text{m}$，厚度 $S = 4.50\text{m}$，设计水深 $d = 16.55\text{m}$。表 2-1 给出了三种不同波况下承台波浪荷载的规范计算值与物理模型试验值的对比，结果显示：按规范方法计算得到的承台波浪荷载最大值均明显高于试验值，计算误差随 D/L 值的增大而显著增加，当 $D/L = 0.19$ 接近 Morrison 方程适用的临界值时误差高达 40%，这表明规范所给的大直径承台波浪荷载计算方法高估了波浪荷载，导致设计偏于保守。

表2-1　承台水平向波浪荷载的规范计算值与物理模型试验值的对比

波况序号	波高 H /m	波长 L /m	D/L	计算值 P_1/kN	试验值 P_2/kN	$(P_1 - P_2)/P_2$
1	7.89	74	0.19	4498	3204	0.40
2	7.89	89	0.16	3782	2751	0.37
3	7.89	104	0.13	3262	2829	0.15

（2）群桩与承台组合体的波浪荷载分析　单机容量6.0MW风电机组高承台群桩基础，承台直径18m，厚度5.3m，布置10根直径1.70m、斜度5:1的钢管桩。采用波浪水池物理模型试验分别对承台结构单体、承台和群桩组合体进行了波浪荷载测试，通过对比两种试验情况的最大波浪荷载，分析群桩的存在对承台波浪荷载的影响。以承台单体波浪荷载最大值为基准，将两种试验条件下得到的波浪荷载最大值进行无量纲化处理，结果见表2-2。试验结果表明，在群桩存在的情况下，承台水平向波浪荷载呈现总体降低的趋势，但是波浪对承台的上托力总体上呈现增加的趋势，在工况3和4中分别增加了26%和27%。

表2-2　群桩对承台波浪荷载影响的试验测试成果

工况	波高/m	承台		承台桩基整体结构	
		水平力 F_H	上托力 F_V	水平力 F_H	上托力 F_V
1	5.92	1.0	1.0	0.92	1.00
2	4.45	1.0	1.0	0.96	0.84
3	8.28	1.0	1.0	1.00	1.26
4	5.59	1.0	1.0	1.04	1.27

2. 桩基岩土工程问题

海上风电机组高承台群桩基础设计所涉及的主要岩土工程问题包括基桩承载力评估中的土塞效应、桩基抗拔承载特性和桩基刚度对系统频率影响三个方面。

作为一个以承受巨大风电机组倾覆力矩和水平波浪荷载为主的高耸结构，海上风电机组高承台群桩基础的基桩同时出现了数值很高的压力和上拔力，基桩轴向上拔力可能超过 1.0×10^4 kN，在深厚软土海床中为满足抗拔承载要求，往往需要采用直径约2m、入土深度超过70m的大直径超长钢管桩。由于大直径超长钢管桩在海洋工程的应用较少，目前尚未完全掌握其承载机理，相应的承载力计算方法也缺少工程实践的检验。大直径开口钢管桩在沉桩过程中，桩周土体涌入桩内形成土塞，桩径越大，涌入土量越多。海上风电场高承台群桩基础沉桩结果表明，桩径2m左右的大直径钢管桩沉桩结束后桩内土塞的高度基本与桩外土体相同。土塞与桩内壁之间的摩擦承载机理是一个较复杂的问题，如何合理计算桩内土芯所形成的土塞效应对正确评估桩基础承载力有重要影响。

桩基工程界提出了多种土塞承载力的简化分析方法。我国桩基础设计规范中采用桩端土塞系数对按实心截面计算的桩端总阻力进行修正，通过土塞系数来综合反映桩芯内侧土塞侧阻和桩端环壁端阻的总效应。我国 JTS 167—2018《码头结构设计规范》对于桩径大于 1.50m 的敞口钢管桩给出的桩端土塞系数取值范围为 0 ~ 0.25，该系数取值范围过于宽泛，给实际设计取用带来了较大不确定性[30]。由于缺少足够的工程实测数据验证，上述简化分析方法的可靠性和合理性仍有待验证。虽然近年来我国在海上风电场建设过程中通过开展一些超长钢管桩基承载力试验来获取桩基设计参数，但是在常规测试中往往难以将桩内、外壁侧阻力实测数值进行分离，仍然无法准确地评估土塞效应。即使在这种情况下，一些现场实测结果显示，实测的桩身内外侧总摩阻力与设计规范推荐的外侧摩阻力经验值之比可高达 2 倍，这表明内侧摩阻力在总摩阻力中占了很大的比重。在后续工作中，需要通过挖除桩内土塞或设置双层分离桩壁的手段分别测试内外壁阻力，以验证和修正现有的计算理论和方法。

在巨大的倾覆力矩作用下高承台群桩基础的基桩中常常会出现受拔桩，在这种情况下桩基承载力设计受抗拔力控制。在工程设计中通常采用对抗压侧阻力进行折减来计算抗拔侧阻力。我国 JTS 167—2018《码头结构设计规范》对砂性土和黏性土的桩基抗拔侧阻折减系数可分别取 0.5 ~ 0.6 和 0.7 ~ 0.8。除了海上风电桩基础工程，目前大直径超长钢管桩在工程实践中很少用于抗拔承载，桩基抗拔机理和抗拔侧摩阻力的取值缺少工程实践的验证。超长和大直径的尺寸效应、抗拔和承压状态下桩-土相互作用机理的差异，可能会导致超长钢管桩抗拔承载力设计参数取值低于已有的经验值。国内已有的几个海上风电场大直径超长钢管桩现场抗拔承载力测试表明，浅部和中部土层的抗拔折减系数明显低于规范推荐的取值范围，而深部土体的折减系数大于规范建议值。

3. 承台结构设计

高承台群桩基础中承台的主要作用是将风电机组基础荷载和波浪荷载传递和分配给下部桩基础。为增强承台结构的强度和刚度，通常在预埋环和钢管桩之间设置连接钢梁，利用承台混凝土和连接钢梁的协同承载来实现荷载的正常传递和分配。极限荷载工况下承台结构呈现出复杂的三维受力性状，需要采用钢筋混凝土三维非线性有限元方法进行结构分析和设计。

除承受极限荷载外，承台结构需要承受风电机组 20 ~ 25 年运行期间的风电机组传递下来的动荷载和波浪循环荷载，因此需要评估承台结构疲劳损伤承载性能。海洋混凝土结构的疲劳分析可以采用简化疲劳设计法和详细疲劳设计两种方法[31]。简化疲劳设计法通过控制疲劳荷载作用下混凝土最大压、拉应力与材料设计强度的比值满足混凝土结构的疲劳寿命。详细疲劳设计基于 Miners 损伤叠加原理和混凝土材料的 S-N 曲线，采用疲劳荷载谱进行详细的疲劳设计，可以给出混凝土结构疲劳寿命设计值。

■ 2.3 导管架基础

2.3.1 导管架基础的结构形式

导管架基础的结构形式如图2-12所示。导管架结构采用由钢结构杆件组成的空间结构体系连接上部塔架和下部基础，根据基础类型可分为桩基导管架和吸力筒导管架，根据导管架杆件空间结构体系的布置可分为桁架式导管架和多角架等形式。传统意义上的海上风电机组导管架基础主要指桁架式导管架，由于多角架也采用钢结构空间体系进行连接，本书将多角架结构也归为导管架基础结构形式。桁架式导管架由撑杆和弦管组成的多层结构构成，多角架主要由一根主圆筒和多根斜撑管组成，通常采用三脚架（tripod）形式。

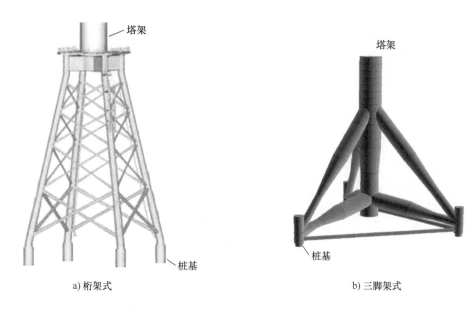

a) 桁架式   b) 三脚架式

图 2-12　导管架基础的结构形式

在我国海上风电场建设中，根据桩基础沉桩和导管架安装的先后次序将桩基础导管架分为先桩法导管架和后桩法导管架两类。先桩法导管架首先完成桩基础沉桩，然后将导管架的桩腿套管插入桩基中，最后采用灌浆材料填充桩基础和桩腿套管之间的环形空间实现连接。为了实现导管架的顺利套入，先桩法导管架对桩基础沉桩的垂直度和平面定位精度有很高要求；后桩法导管架先将导管架安装到海床上，然后通过导管架桩腿套管将桩基础打入海床，最后完成灌浆连接。为了实现桩基础的顺利打入，后桩法对导管架安装的水平度有较高要求，通常需要在导管架底部设置防沉板结构来支撑和调整导管架。吸力筒导管架通常采用导管架和吸力筒整体制作完成后在海上整体一步式安装。

  由于导管架的空间结构体系主要由较小截面的圆管构件组成，它具有较优的水动力特性，且空间结构体系刚度较大。通过对导管架杆件的合理布置可使构件以承受轴向力为主，从而充分发挥材料的承载性能。因此导管架基础可以很好地适合深水区域的海上风电机组，工程实践表明，在 30 ~ 50m 水深条件下，海上风电机组导管架基础具有较明显的技术经济优势。

2.3.2   导管架基础的荷载传递及承载特性

  导管架基础的荷载传递与承载体系如图 2-13 所示。由于导管架整体刚度较大，与高承台群桩基础中的承台类似，上部风电机组荷载和波浪、水流等荷载通过导管架的整体转动和平动转换为桩顶的轴向力和侧向力，最后通过桩基础的轴向和侧向变形传递到海床地基上。外部荷载依次通过导管架各杆件的轴力 N、剪力 Q 和弯矩 M 进行转换和传递。在设计中通过杆件几何布置和刚度的合理调整，尽量实现杆件以轴向受力为主的承载状态，从而充分发挥材料的承载能力。

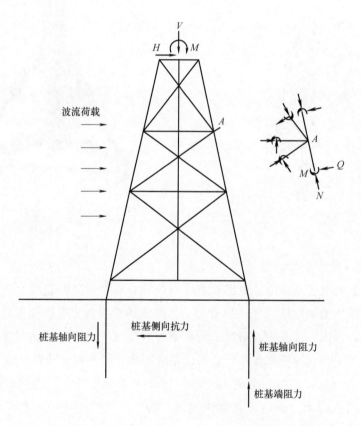

图 2-13   导管架基础的荷载传递与承载体系

2.3.3 导管架基础的设计特点

导管架结构在海洋石油平台领域已有上百年的应用历史，海洋工程行业相关设计理论、方法和工程实践给海上风电机组导管架基础结构设计分析提供了强大的支撑。作为海上风电机组支撑结构的导管架基础，其区别于常规海洋石油平台导管架结构的设计特点主要体现在两个方面：较低的结构自振频率导致的波浪荷载动力放大效应和风-浪耦合作用下的结构疲劳损伤。

1. 波浪荷载的动力放大效应

波浪的能量密度谱主要分布在 $0.1 \sim 0.3$Hz 之间，常规海洋石油平台导管架基础在 $30 \sim 40$m 水深范围内的一阶自振周期通常都小于 3s（一阶自振频率大于 0.33Hz），在这种条件下由于结构自振频率远离波浪高能量部分的激振频率，波浪荷载的动力放大效应较小。海上风电支撑结构作为一个高耸结构，其在相同水深条件下的一阶自振频率通常明显低于常规海洋石油导管架平台的自振频率，在采用大容量机组的情况下其一阶自振频率降低的幅度更加明显。在这样的条件下波浪荷载的动力放大效应会变得显著。图 2-14 基于 0.30Hz 波浪频率给出了一个海上风电机组导管架基础波浪荷载动力放大系数 DAF 随结构一阶自振频率变化的关系。计算结果显示在波浪频率附近 DAF 急剧加大。在这样的条件下需要采用一体化的动力分析方法进行荷载计算和结构设计。

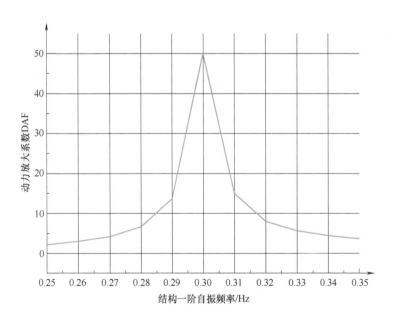

图 2-14　波浪荷载动力放大系数随结构一阶自振频率变化曲线

2. 风-浪耦合作用下的结构疲劳损伤

导管架结构存在大量杆件交接的管节点，这些管节点在风和波浪荷载长期循环作用下容易产生结构疲劳损伤破坏。节点疲劳损伤是导管架结构设计的重要环节。常规海洋石油平台主要承受波浪荷载引起的疲劳损伤，在单一波浪荷载作用下可以采用谱分析方法进行合理的疲劳分析。海上风电机组导管架基础除了承受波浪荷载，风荷载和风轮转动引起的惯性荷载往往成为另一个主要的疲劳荷载。海上风电机组支撑结构在风和波浪耦合作用下的结构疲劳损伤需要采用一体化设计手段获得风和浪耦合作用下的疲劳应力时间序列进行分析。这部分内容将在本书第 5 章进行深入分析。

■ 2.4 重力式基础

2.4.1 重力式基础的结构形式

重力式基础是直接坐落在海床表面主要依靠自身重力维持稳定的实体或空腔型结构。根据基底岩土工程条件可采用天然地基或进行地基处理。重力式基础最早应用于水深小于 10m 的浅海区域，随着海上风电场水深从浅海往深海发展，国内外陆续提出了多种不同结构形式的重力式基础，如图 2-15 所示。早期在单机容量较小的水深 10m 以内的浅水区域采用了混凝土实体重力式基础形式；在水深 10 ~ 20m 范围，为了降低运输安装过程中的基础重量提出了混凝土沉箱重力式基础形式，该基础安装就位后通过在沉箱内设置配重增加基础重量；由于作用在重力式基础上的波浪水动力荷载随水深的增加而明显加大，在 20 ~ 30m 水深范围内，通常需要采用预应力混凝土结构满足结构强度和裂缝控制要求；当水深超过 30m 后，为了减小结构尺寸以降低水动力荷载作用，可以将重力式基础上部结构采用大直径钢管结构，形成钢管 + 预应力混凝土沉箱重力式基础。重力式基础的稳定对于海床冲刷较为敏感，通常需要对基础采取防冲保护措施。

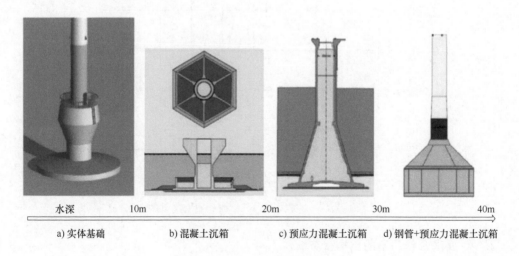

水深　　　10m　　　　　　　20m　　　　　　　30m　　　　　　40m

a) 实体基础　　　　b) 混凝土沉箱　　　　c) 预应力混凝土沉箱　　　d) 钢管+预应力混凝土沉箱

图 2-15　重力式基础的结构形式

2.4.2 重力式基础的荷载传递及承载特性

重力式基础的荷载传递及承载体系如图2-16所示。其主要依靠自重来抵抗风电机组荷载和水动力荷载产生的倾覆力矩以维持结构抗倾覆稳定，并通过基础自重在海床底部产生的摩擦力抵抗外荷载导致的滑动效应以维持基础抗滑移稳定。外荷载通过重力式基础传递到海床面形成偏心基底压力，海床岩土体通过其竖向承载性能维持重力式基础的稳定。

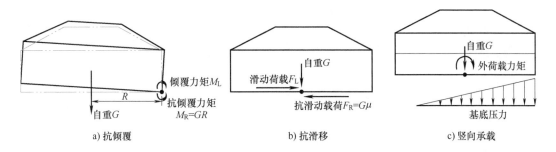

a) 抗倾覆　　　　　　　　　　b) 抗滑移　　　　　　　　　　c) 竖向承载

图 2-16　重力式基础的荷载传递与承载体系

2.4.3 重力式基础的设计特点

重力式基础是基础工程领域常用的基础结构类型，其抗倾覆、抗滑移、基底应力验算和基础结构分析等与其他行业重力式基础类似。作为海上风电机组的基础结构，重力式基础区别于其在其他相关行业应用的设计要点主要包括水动力荷载分析、大偏心受力条件的地基承载力计算和地基动力参数计算。

1. 水动力荷载计算

由于重力式基础结构尺寸较大，水动力计算与高承台群桩基础的承台类似，通常需要采用考虑绕射效应的波浪荷载计算方法。

2. 地基承载力计算[32]

作用在重力式基础上的力矩 M、水平力 H 和竖向力 V 可根据静力等效原则移至基底压力中心点 LC 上，通过偏心距 $e = M/V$ 表示偏心效应，如图2-17所示。偏心效应的地基承载力计算可通过式（2-3）和式（2-4）计算。

排水条件：
$$f = \frac{1}{2}\gamma'_s b_{\text{eff}} N_\gamma s_\gamma i_\gamma + p'_0 N_q s_q i_q + c N_c s_c i_c \tag{2-3}$$

不排水条件：
$$f = S_{\text{cu}} N_c^0 s_c^0 i_c^0 + p_0 \tag{2-4}$$

式中，N_γ、N_q 和 N_c 为反映土体强度指标的系数；s_γ、s_q 和 s_c 为反映基础几何形状的系数；i_γ、i_q 和 i_c 为反映荷载偏心效应的系数，分别计算如下：

$$N_q = e^{\pi\tan\varphi}\frac{1+\sin\varphi}{1-\sin\varphi}, N_c = (N_q-1)\cot\varphi, N_\gamma = \frac{3}{2}(N_q-1)\tan\varphi, s_\gamma = 1-0.4\frac{b_{\text{eff}}}{l_{\text{eff}}}$$

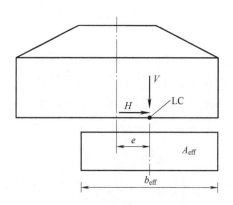

图 2-17　重力式基础基底荷载

$$s_q = s_c = 1 + 0.2\,\frac{b_{\text{eff}}}{l_{\text{eff}}}, i_q = i_c = \left(1 - \frac{H}{V + A_{\text{eff}}c\cot\varphi}\right)^2$$

$$i_\gamma = i_q^2, N_c^0 = \pi + 2, s_c^0 = s_c, i_c^0 = 0.5 + 0.5\sqrt{1 - \frac{H}{A_{\text{eff}}S_{\text{cu}}}}$$

式中，b_{eff} 和 l_{eff} 分别为基底等效面积的等效宽度和长度；A_{eff} 为基底等效面积；γ_s' 为地基岩土体有效重力密度；p_0' 和 p_0 分别为基础埋深引起的基底面竖向有效应力和总应力，考虑到海上施工安装的困难，海上风电机组重力式基础按放置在海床表面无埋深情况考虑，则 $p_0' = p_0 = 0$；c 和 φ 分别为地基土抗剪强度指标的黏聚力和内摩擦角；S_{cu} 为黏土不排水抗剪强度。

对于 $e > 0.3b$（b 为基础宽度）的大偏心情况，由于荷载偏心程度过大可能导致基础底部远离受压侧的地基土产生挤出破坏，需要对上述承载力计算公式中的荷载偏心系数进行调整，按式（2-5）和式（2-6）计算承载力，并根据两种破坏模式得到的承载力最小值取用。

排水条件 $\qquad f = \gamma_s' b_{\text{eff}} N_\gamma s_\gamma i_\gamma^e + c N_c s_c i_c^e (1.05 + \tan^3\varphi)$ （2-5）

不排水条件 $\qquad f = S_{\text{cu}} N_c^0 s_c^0 i_c^{0,e} + p_0$ （2-6）

式中，$i_c^e = 1 + \dfrac{H}{V + A_{\text{eff}}c\cot\varphi}$，$i_\gamma^e = (i_c^e)^2$，$i_c^{0,e} = \sqrt{0.5 + 0.5\sqrt{1 + \dfrac{H}{A_{\text{eff}}S_{\text{cu}}}}}$。

方形和圆形基础等效面积 A_{eff} 及等效宽度 b_{eff} 和长度 l_{eff}（图 2-18）计算公式如下：

方形基础（沿主轴单向偏心）：$b_{\text{eff}} = b - 2e$，$l_{\text{eff}} = b$，$A_{\text{eff}} = b_{\text{eff}} l_{\text{eff}}$

方形基础（双向偏心）：$b_{\text{eff}} = l_{\text{eff}} = b - e\sqrt{2}$，$A_{\text{eff}} = b_{\text{eff}} l_{\text{eff}}$

圆形基础：$A_{\text{eff}} = 2\left[R^2 \arccos\left(\dfrac{e}{R}\right) - e\sqrt{R^2 - e^2}\right]$，$b_e = 2(R - e)$

$$l_e = 2R\sqrt{1 - \left(1 - \frac{b_e}{2R}\right)^2}, \quad l_{\text{eff}} = \sqrt{A_{\text{eff}}\frac{l_e}{b_e}}, \quad b_{\text{eff}} = \frac{l_{\text{eff}}}{l_e}b_e$$

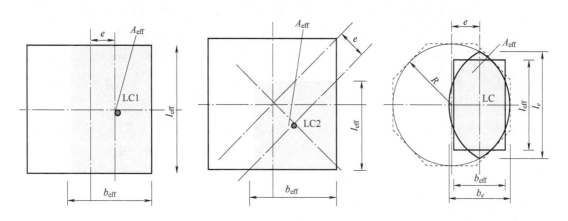

图 2-18　方形和圆形基础等效面积计算

3. 地基动态刚度

一体化设计中重力式基础的地基动态刚度可基于土体应变水平确定的等效动剪切模量 G，根据弹性理论计算，具体计算方法见 3.3.2 天然地基基础模型。

■ 2.5　筒形基础

2.5.1　筒形基础的结构形式

筒形基础为埋置在土体中具有较大宽深比($D/H \geqslant 1$)的带顶盖板的圆筒形结构，通过顶盖板、筒壁与土体的相互作用进行承载，如图 2-19 所示。筒形基础通常采用在筒内抽取负压的方式完成下沉，因此又称为吸力筒基础。在筒径较大的情况下，在筒内设置分舱板分成多个隔舱分区抽取负压，通过调整各分舱下沉速度保证筒体下沉过程中的整体平衡。筒形基础可作为群筒基础应用于导管架结构，也可采用单筒基础形式。在浅水条件下单筒基础顶盖板以上的结构通常采用变截面预应力混凝土结构的复合吸力筒形式，在水深较大的情况下为减少波浪荷载可采用钢结构单柱吸力筒形式。由于筒形基础埋深较浅且采用吸力方式下沉，在海床上部土体能满足承载和变形要求且可实现负压下沉的条件下具有施工安装快捷等突出的技术经济优势。中国长江三峡集团和天津大学等在三峡响水海上风电项目中首次成功应用了单筒吸力筒基础，并实现了风电机组与吸力筒基础的整体运输安装[33][34]。

2.5.2　筒形基础的荷载传递及承载特性

筒形基础是具有较大宽深比的带封闭顶盖板、下部开敞、内部带分舱板的结构，这种结构特性导致其荷载传递与承载性能与浅基础和桩基础存在较大差异。外荷载通过顶盖板、筒壁和分舱板传递给土体，通过结构与土体的共同作用进行承载，其荷载传递与承载特性和筒形基础的宽深比、分舱板布置及荷载类型相关。可以通过数值仿真或模型试验的手段，首先研究其在竖向力、水平力和弯曲单独作用下的承载特性，然后通过荷载-位移联合控制搜索方式建立不同荷载空间平面内的包络面，获得吸力筒在多种荷载共同作用下的承载特性。文献［35］采用三维有限元法对一个宽深比为5的筒形基础的破坏模式进行了仿真，主要结果如下：在没有竖向荷载的情况下，在水平力和弯矩作用下筒形基础底部土体首先出现勺形塑性区，此阶段筒形基础内部土体与基础保持整体变形，地基基础破坏模式与实体深基础类似（图2-20a）。随着荷载的增加，塑性区往筒体内部发展（图2-20b）。当筒形基础同时承受竖向荷载作用时，随着竖向荷载的增加，基础底部勺形塑性区不断往深部发展，同时勺形塑性区转动中心逐渐往主动土压力侧移动，塑性区集中在筒壁底部较小范围内无法贯通，同时竖向荷载的增大阻止了塑性区往筒基内部土体发展（图2-20c）。随着弯矩继续增加，基础底部塑性区范围不断扩大，最后贯通导致破坏（图2-20d）。

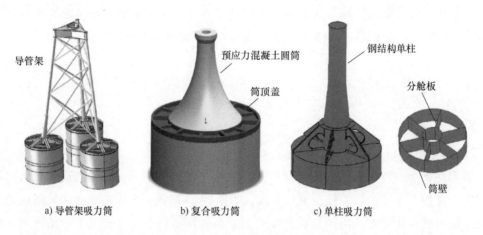

导管架

预应力混凝土圆筒

钢结构单柱

分舱板

筒顶盖

筒壁

a) 导管架吸力筒　　　　b) 复合吸力筒　　　　c) 单柱吸力筒

图 2-19　筒形基础的结构形式

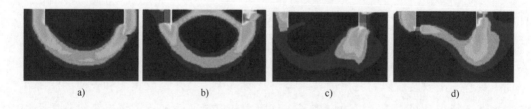

a)　　　　　　　b)　　　　　　　c)　　　　　　　d)

图 2-20　筒形基础的地基破坏模式

相关研究成果表明[36][37]，筒形基础的承载破坏模式与加载路径密切相关。对于 V-H、V-M 加载，一定范围内的竖向荷载对提高水平和抗弯承载力能发挥比较显著的作用，因为竖向荷载通过顶盖板传递给筒内土体使其受压，导致土体和筒体形成更加紧密的整体，使得荷载能传递到外侧范围更大的土体中，同时竖向力相对于筒体的旋转提供了一个抵抗力矩，增加了基础的抗倾覆稳定性。

2.5.3 筒形基础的设计特点

由于筒形基础结构与土体相互作用破坏模型的多样性和复杂性，其承载与变形设计分析应考虑土体弹塑性和土与结构接触面的非连续性，可通过三维有限元模型进行分析。在工程设计中可按简化方法进行分析，通常将筒形基础的承载模型分为筒顶盖承载和筒壁承载两种模式进行计算。筒顶盖承载模式将筒形基础简化为实体深基础，其承载力由实体基础底部承载力和筒壁摩阻力组成。筒壁承载模式的承载力将筒形基础简化为桩基础，其承载力由筒壁摩阻力和圆筒端部圆环面承载力组成。倾覆稳定计算也可按这两种承载模式分别计算，倾覆轴的确定是筒形基础抗倾覆计算的难点，可通过三维有限元分析确定倾覆轴位置。

第3章 一体化设计分析模型及环境荷载

■ 3.1 风力发电基本原理

风力发电是利用风力机将风能转换成机械能，然后带动发电机发电转换为电能的风能资源利用方式。风力机作为转换空气动能的首要载体，是风力发电机组的核心部件。由于风具有随机特性，风速和风向都是随机变化的，为了实现高效平稳安全的发电，风力发电还涉及功率调节、变转速运行等技术。本节对风力发电基本原理及相关关键技术做一个简要介绍。

3.1.1 风力发电机组的基本构成

风力发电机组主要由风轮、轮毂、传动系统、发电机、偏航系统、变桨系统和机舱等主要部件构成，如图3-1所示。风轮由叶片组成，负责将风能转变为机械能。风轮通过轮毂连接到传动系统。在轮毂处设置叶片变桨系统，该系统根据风速变化和叶片气动特性调整叶片桨距角来进行功率和荷载调节。传动系统将风轮扭矩传递到发电机。根据发电机的转速特性，传动系统分为低速轴-增速箱-高速轴结构或直驱结构。机舱为传动系统、发电机和其他附属构件提供保护空间。机舱支撑在塔架上，塔架顶部设置偏航系统，通过偏航系统调整风电机组在水平方向的偏转，实现在发电工况下的对风和极端风况下的安全避风。

3.1.2 贝茨（Betz）理论

通过对置于流动空气中的圆盘进行力学分析，可以建立风轮对风能的捕获和转换的基本原理，该项工作最早由 Betz. A 于 1929 年完成，称为贝茨（Betz）理论。

以一个圆盘模拟风轮，风从远端流过圆盘后将其影响的气流分离出来形成一个图3-2所示的流管。由于受到圆盘的阻挡，当气流抵达圆盘的时候流管中的风速由远端的来流

风速 v_1 降低为 v_0，风速的降低导致风压力在圆盘前端由远端处的压力 p 升高到 p_u，压力升高引起流管膨胀。气流通过风轮后风压力为 p_d，气流在向下游前进的过程中其速度不断减小，压力不断降低，直至其压力恢复到 p，此时的气流速度为 v_2。下面利用该流管模型推导风作用在圆盘上的轴向推力和圆盘捕获的风功率。

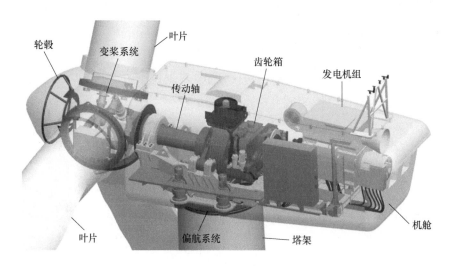

图 3-1 风力发电机组的主要部件

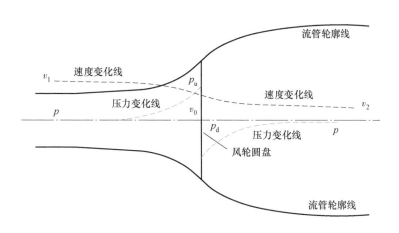

图 3-2 风轮圆盘流管模型

气流流经风轮的时候，风轮产生轴向诱导气流，该诱导气流流速与来流流速 v_1 的矢量和成为 v_0。由于诱导气流的速度难以确定，可将其表示为 $-av_1$，a 称为轴向诱导系数，于是可以将 v_0 通过 v_1 和 a 表达如下：

$$v_0 = (1-a)v_1 \tag{3-1}$$

根据动量定理，单位时间流管内流体动量的变化等于圆盘对气流的推力 T，即

$$T = \rho A v_0 (v_1 - v_2) \tag{3-2}$$

式中，ρ 为空气密度；A 为圆盘面积。

将式（3-1）代入式（3-2）得到：

$$T = \rho A (1 - a) v_1 (v_1 - v_2) \tag{3-3}$$

导致动量变化的力来自于风轮前后静压力的变化量，其表达式如下：

$$T = (p_u - p_d) A \tag{3-4}$$

分别对流管上游段和下游段建立 Bernoulli 方程如下：

$$\begin{cases} \dfrac{1}{2}\rho v_1^2 + p = \dfrac{1}{2}\rho v_0^2 + p_u & \text{（上游段）} \\[2mm] \dfrac{1}{2}\rho v_2^2 + p = \dfrac{1}{2}\rho v_0^2 + p_d & \text{（下游段）} \end{cases} \tag{3-5}$$

由式（3-5）可以得到

$$(p_u - p_d) = \frac{1}{2}(v_1^2 - v_2^2) \tag{3-6}$$

将式（3-6）和式（3-4）依次代入式（3-3）消去 v_2 后可以得到推力 T 与风速 v_1 的关系如下：

$$T = 2\rho A v_1^2 a (1 - a) \tag{3-7}$$

根据作用力与反作用力原理，气流对圆盘推力与 T 数值相等方向相反。

风轮功率 P 等于推力 T 和风速 v_0 的乘积：

$$P = T v_0 \tag{3-8}$$

将式（3-1）和式（3-7）代入式（3-8），得到：

$$P = 2\rho v_1^3 A a (1 - a)^2 \tag{3-9}$$

可将风轮功率 P 写成下式：

$$P = \frac{1}{2} C_p \rho A v_1^3 \tag{3-10}$$

式中，C_p 为风能利用效率系数。

根据式（3-9）和式（3-10）可得到 C_p 的表达式如下：

$$C_p = 4a (1 - a)^2 \tag{3-11}$$

对式（3-11）求导后令其值为零，可得到 C_p 的最大值，$C_{p,\max} = 0.593$，该数值为风轮机的最大风能利用系数，称为 Betz 极限。

3.1.3　风力机设计的基本概念

1. 风力机空气动力特性曲线 $C_p = f(\lambda)$ 与风轮设计

根据动量定理，风力机功率 P 等于风轮承受的扭矩 M 与其角速度 ω 的乘积：

$$P = M\omega \tag{3-12}$$

扭矩 M 可根据叶片翼型及其气动参数、来流速度、攻角、桨距角等通过计算其气动荷载后得到。叶片荷载计算的方法见 3.4.1 风及其荷载。

根据式（3-10）和式（3-12）可得：

$$C_p = \frac{2M\omega}{\rho A v_1^{\ 3}} \qquad (3\text{-}13)$$

定义叶尖速比 $\lambda = \dfrac{\omega r}{v_1}$，则

$$\omega = \frac{\lambda v_1}{r} \qquad (3\text{-}14)$$

式中，r 为风轮半径。

将式（3-14）代入式（3-13）得到

$$C_p = f(\lambda) = \frac{2M\lambda}{\rho \pi r^3 v_1^2} \qquad (3\text{-}15)$$

$C_p = f(\lambda)$ 称为风力机空气动力特性曲线，它反映了风轮直径、风速、转速、叶片受力等对风轮机转换效率的影响，是风力机设计的重要依据，可以由风洞试验、理论和数值计算获得。典型风力机的 $C_p = f(\lambda)$ 曲线如图 3-3 所示。

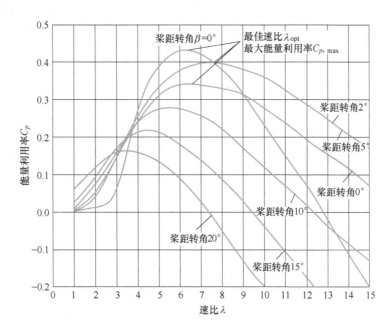

图 3-3　典型风力机的 $C_p = f(\lambda)$ 曲线实例

根据 $C_p = f(\lambda)$ 曲线和式（3-12）~式（3-15）即可以进行风力机基本设计，包括确定风力机功率、风轮直径、设计风速、转速等设计参数。两种典型的设计情况如下：

1）根据风力机功率、设计风速和空气密度确定风轮直径和转速。在 $C_p = f(\lambda)$ 曲线上根据最优风能利用系数确定 C_p 和 λ，然后由式（3-10）和式（3-14）分别求得所需要

的风轮直径和转速。

2）风力机功率和转速的设计优化。在 $C_p = f(\lambda)$ 曲线上根据最优风能利用系数确定 C_p 和 λ，然后根据设计风速和 λ 计算风轮转速，最后优化调整风力机功率。

2. 风力机功率调节

当风速超过风力机额定风速以后，为了确保风力机安全并维持功率在额定值附近，需要降低风轮的能量捕获。功率调节方式主要有定桨距失速调节、变桨距调节和混合调节三种。

（1）定桨距失速调节　在这种方式中叶片与轮毂刚性连接不能调整桨距角。通过对叶片翼形进行特殊的气动特性设计，使得风速超出额定风速、攻角达到一定数值后，叶片尾缘气流出现较大分离，叶片上下翼面压力差减小，升力迅速降低等导致叶片失速，从而限制功率的增加。定桨距失速调节方式不需要复杂的功率反馈和变桨伺服系统，主要依靠特殊的翼形来实现。这种方式导致叶片结构较复杂，成型加工难度较大。特别是在叶片长度较大的情况下，动态失速特性难以控制，因此目前兆瓦级的风力发电机几乎不使用这种调整方式。

（2）变桨距调节　在这种方式中叶片与轮毂通过变桨系统进行连接，叶片桨距角可以随风速变化进行调整。当风速增大时，增加桨距角使得叶片向迎风面积减小的方向转动，从而通过减小攻角达到降低风力机功率的目的。变桨距调节方式具有优异的功率调节特性，但是需要设置复杂且响应速度要求高的变桨调节系统。目前兆瓦级风力机大多采用变桨距调节方式。

（3）混合调节　这种方式是定桨距失速调节和变桨距调节的组合。通常是在低风速时采用变桨距调节以获得更高的气动效率，在风速超过额定风速后通过减小桨距角增加攻角加大叶片失速效应。这种混合方式可以降低对变桨系统的要求。

3. 风力机变速运行

风力机功率受来流风速 v_1 和风能利用系数 C_p 的影响，而 C_p 由叶尖速比 λ 和叶片桨距角决定。如图 3-3 所示，$C_p = f(\lambda)$ 曲线存在与最大风能利用系数相对应的最优叶尖速比 λ_{opt}，在风速变化的情况下变转速运行方式通过调节风轮转速，将叶尖速比 λ 维持在最优值 λ_{opt}，从而实现不同风速下都具有最大的风能利用率。与恒速运行相比，变速运行的风力机可以明显提高风能利用效率且降低了对变桨系统控制响应灵敏度的要求，降低了变桨系统的复杂性。

■ 3.2　叶片、机舱及支撑结构模型

3.2.1　考虑风轮旋转与弹性变形耦合的叶片结构动力学模型[38]

叶片是一体化模型中一个重要且特殊的构件。在风荷载作用下，叶片发生变形时产

生刚体旋转运动，叶片变形导致其转动惯量和质量分布等发生改变从而影响转动形态，同时叶片转动也对其变形状态产生影响，叶片变形和转动是相互耦合的。常规结构动力学有限元模型不考虑结构的刚体运动，为了分析叶片转动和变形之间的耦合关系，需要采用柔性多体动力学分析方法[38]。

1. 叶片结构动力学模型的通用表达式

基于柔性多体动力学理论和结构动力学有限元方法建立考虑转动与变形耦合的叶片结构单元有限元动力学模型（见参考文献［38］）。如图 3-4 所示，沿叶片长度方向进行有限元离散，截取厚度 $\mathrm{d}t$ 的叶片结构单元进行分析。x-y-z 为整体坐标系统，x'-y'-z'为建立在旋转叶片上的局部动坐标系统。

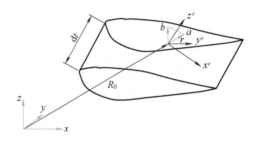

图 3-4　旋转叶片结构单元

叶片单元有限元动力学方程如下：

$$\boldsymbol{M}^{\mathrm{e}}\ddot{\boldsymbol{\delta}} + \boldsymbol{C}^{\mathrm{e}}\dot{\boldsymbol{\delta}} + \boldsymbol{K}^{\mathrm{e}}\boldsymbol{\delta} = \boldsymbol{F}^{\mathrm{e}} \tag{3-16}$$

式中，$\boldsymbol{M}^{\mathrm{e}}$、$\boldsymbol{C}^{\mathrm{e}}$ 和 $\boldsymbol{K}^{\mathrm{e}}$ 分别为单元质量矩阵、阻尼矩阵和刚度矩阵；$\boldsymbol{F}^{\mathrm{e}}$ 为单元节点荷载列阵，分别计算如下：

（1）单元质量矩阵 $\boldsymbol{M}^{\mathrm{e}}$

$$\boldsymbol{M}^{\mathrm{e}} = \int \rho_{\mathrm{e}}\boldsymbol{N}^{\mathrm{T}}\boldsymbol{N}\mathrm{d}v \tag{3-17}$$

（2）单元阻尼矩阵 $\boldsymbol{C}^{\mathrm{e}}$

$$\boldsymbol{C}^{\mathrm{e}} = \boldsymbol{C}^{\mathrm{s}} + \boldsymbol{C}^{\mathrm{d}} \tag{3-18}$$

其中：

$$\boldsymbol{C}^{\mathrm{s}} = \alpha \int \rho_{\mathrm{e}}\boldsymbol{N}^{\mathrm{T}}\boldsymbol{N}\mathrm{d}v + \beta \int \boldsymbol{B}^{\mathrm{T}}\boldsymbol{D}\boldsymbol{B}\mathrm{d}v \tag{3-19}$$

$$\boldsymbol{C}^{\mathrm{d}} = 2\rho_{\mathrm{e}}\int \boldsymbol{N}^{\mathrm{T}}\boldsymbol{A}^{\mathrm{T}}\boldsymbol{\Omega}\boldsymbol{A}\boldsymbol{N}\mathrm{d}t \tag{3-20}$$

（3）单元刚度矩阵 $\boldsymbol{K}^{\mathrm{e}}$

$$\boldsymbol{K}^{\mathrm{e}} = \boldsymbol{K}^{\mathrm{s}} + \boldsymbol{K}^{\mathrm{d}} \tag{3-21}$$

其中：

$$K^{\mathrm{s}} = \int B^{\mathrm{T}} DB \mathrm{d}v \qquad (3\text{-}22)$$

$$K^{\mathrm{d}} = \rho_e \int N^{\mathrm{T}} A^{\mathrm{T}} (\dot{\Omega} + \Omega\Omega) AN \mathrm{d}v \qquad (3\text{-}23)$$

（4）单元节点荷载列阵 F^e

$$F^e = F^{\mathrm{s}} + F^{\mathrm{d}} \qquad (3\text{-}24)$$

其中：

$$F^{\mathrm{s}} = \int N^{\mathrm{T}} F \mathrm{d}v \qquad (3\text{-}25)$$

$$F^{\mathrm{d}} = -\rho_e \int N^{\mathrm{T}} A^{\mathrm{T}} (\dot{\Omega} + \Omega\Omega) Ar \mathrm{d}v \qquad (3\text{-}26)$$

上述公式中，阻尼矩阵、刚度矩阵和荷载向量右边第一项 C^{s}、K^{s} 和 F^{s} 分别为不考虑叶片转动的常规项；C^{d}、K^{d} 和 F^{d} 为由于叶片刚体转动与弹性变形的耦合而产生的动力阻尼矩阵、动力刚度矩阵和广义力矢量；N、B、D 分别为单元形函数矩阵、应变矩阵和弹性矩阵；r 为叶片单元任意一点在局部动坐标系中的位置；ρ_e 为叶片材料的密度；α 和 β 根据结构阻尼比 ξ 和固有频率 ω 计算如下：

$$\alpha = \frac{2(\xi_i \omega_j - \xi_j \omega_i)}{\omega_j^2 - \omega_i^2} \omega_i \omega_j \qquad (3\text{-}27)$$

$$\beta = \frac{2(\xi_j \omega_j - \xi_i \omega_i)}{\omega_j^2 - \omega_i^2} \qquad (3\text{-}28)$$

A 为叶片运动局部坐标系相对于整体坐标的方向余弦转换矩阵，其表达式如下：

$$A = \begin{pmatrix} \cos(x,x') & \cos(y,x') & \cos(z,x') \\ \cos(x,y') & \cos(y,y') & \cos(z,y') \\ \cos(x,z') & \cos(y,z') & \cos(z,z') \end{pmatrix} \qquad (3\text{-}29)$$

Ω 为叶片的转动角速度矢量在固定坐标系的列阵的斜对称阵，按下式计算：

$$\Omega = \dot{A} A^{\mathrm{T}} \qquad (3\text{-}30)$$

2. 叶片结构的空间梁单元动力学模型

一体化设计中常常采用空间梁单元模拟叶片结构，根据上述叶片结构动力学模型的通用表达式，结合空间梁单元的特性可以得到其动力学模型。如图 3-5 所示，以两节点空间梁单元 ij 模拟叶片，假设叶片绕整体坐标系统 x-y-z 的 z 轴旋转，取空间梁单元的自然坐标系统作为该单元的局部动坐标系统 x'-y'-z'，o-x-y 和 o-x'-y' 处于同一平面，x 和 x' 夹角为 θ。

根据式（3-29）和式（3-30），分别得到：

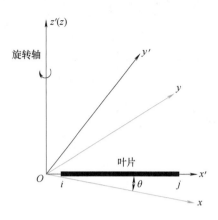

图 3-5 叶片空间梁单元模型

$$A = \begin{pmatrix} \cos\theta & -\sin\theta & 0 \\ \sin\theta & \cos\theta & 0 \\ 0 & 0 & 0 \end{pmatrix} \tag{3-31}$$

$$\boldsymbol{\Omega} = \begin{pmatrix} 0 & -\dot{\theta} & 0 \\ \dot{\theta} & 0 & 0 \\ 0 & 0 & 0 \end{pmatrix} \tag{3-32}$$

$$\dot{\boldsymbol{\Omega}} = \begin{pmatrix} 0 & -\ddot{\theta} & 0 \\ \ddot{\theta} & 0 & 0 \\ 0 & 0 & 0 \end{pmatrix} \tag{3-33}$$

式中，$\dot{\theta}$ 和 $\ddot{\theta}$ 分别为动坐标系旋转的角速度和角加速度，当叶片以恒定角速度 ω 旋转时 $\dot{\theta} = \omega$，$\ddot{\theta} = 0$。

根据式（3-31）~式（3-33）、式（3-17）、式（3-18）、式（3-21）和式（3-24），同时 N、B、D 分别采用常规空间梁单元形函数矩阵、应变矩阵和弹性矩阵，即可求得考虑旋转和变形耦合的叶片单元质量矩阵、阻尼矩阵、刚度矩阵和荷载列阵。

3.2.2 机舱模型

本书中一体化设计的主要对象为支撑结构与地基基础，不涉及对风电机组机舱结构的分析，因此忽略机舱内部具体结构布置，将机舱简化为一个置于机舱重心位置的质点，如图 3-6 所示。其质量等于机舱总质量，具有与塔架节点相同的自由度，通过刚性连接的方式耦合到塔架顶部。

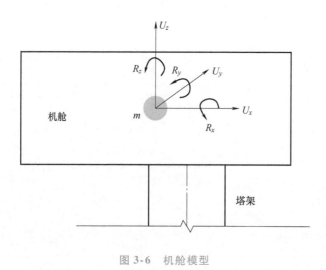

图 3-6　机舱模型

3.2.3　支撑结构模型

　　海上风电机组支撑结构采用有限单元的结构模型进行模拟，塔架、桩基等杆件结构可采用空间梁单元和壳单元，混凝土承台、实体重力式基础等采用空间实体单元，吸力筒、空腔式重力式基础等薄壁结构采用板壳单元。当杆件截面高度与计算跨度的比值较大时，应考虑剪切变形的影响。

　　下面给出海上风电支撑结构中最常用的考虑剪切变形影响的空间管梁单元刚度矩阵。空间管梁单元由 i、j 两节点组成，单元形状及局部坐标系如图 3-7 所示。

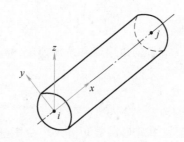

图 3-7　空间管梁单元局部坐标系

　　该单元的静力平衡方程为：

$$\boldsymbol{K}_e \boldsymbol{U}_e = \boldsymbol{F}_e \tag{3-34}$$

式中，$\boldsymbol{U}_e$、$\boldsymbol{F}_e$ 和 $\boldsymbol{K}_e$ 分别是单元节点位移列阵、荷载列阵和刚度矩阵。

$$\boldsymbol{U}_e = (u_{x,i} \quad u_{y,i} \quad u_{z,i} \quad \theta_{x,i} \quad \theta_{y,i} \quad \theta_{z,i} \quad u_{x,j} \quad u_{y,j} \quad u_{z,j} \quad \theta_{x,j} \quad \theta_{y,j} \quad \theta_{z,j})^{\mathrm{T}}$$

$$\boldsymbol{F}_e = (F_{x,i} \quad F_{y,i} \quad F_{z,i} \quad M_{x,i} \quad M_{y,i} \quad M_{z,i} \quad F_{x,j} \quad F_{y,j} \quad F_{z,j} \quad M_{x,j} \quad M_{y,j} \quad M_{z,j})^{\mathrm{T}}$$

$$K_e = \left\{ \begin{matrix} A \\ 0 & B \\ 0 & 0 & B \\ 0 & 0 & 0 & C \\ 0 & 0 & -E & 0 & D \\ 0 & 0 & 0 & 0 & 0 & D \\ 0 & E & 0 & 0 & 0 & 0 & A \\ -A & 0 & 0 & 0 & 0 & -E & 0 & B \\ 0 & -B & -B & 0 & E & 0 & 0 & 0 & B \\ 0 & 0 & 0 & -C & 0 & 0 & 0 & 0 & 0 & C \\ 0 & 0 & -E & 0 & F & 0 & 0 & 0 & E & 0 & D \\ 0 & E & 0 & 0 & 0 & F & 0 & -E & 0 & 0 & 0 & D \end{matrix} \right\}$$

式中，$A = \dfrac{E_0 A_0}{l}$；$B = \dfrac{12 E_0 I}{(1+\xi) l^3}$；$C = \dfrac{G_0 J}{l}$；$D = \dfrac{(4+\xi) E_0 I}{(1+\xi) l}$；$E = \dfrac{6 E_0 I}{(1+\xi) l^2}$；$F = \dfrac{(2-\xi) E_0 I}{(1+\xi) l}$；$E_0$ 为弹性模量；G_0 为剪切模量；A_0 为管单元截面积；l 为管单元长度；I 为管单元截面惯性矩；J 为管单元截面极惯性矩；ξ 为考虑剪切变形和截面剪应力分布不均匀的系数，可根据下式计算：

$$\xi = \frac{12 k E_0}{G_0} \left(\frac{r}{l} \right)^2 \tag{3-35}$$

式中，r 为管单元截面回转半径；k 为反映管单元截面剪应力分布不均匀的系数，圆形截面取 $k = 1.1$。

海上风电机组一体化设计中，支撑结构的阻尼采用等效阻尼模型，根据结构阻尼比、固有频率、质量矩阵和刚度矩阵计算。阻尼矩阵 C 可根据下式计算：

$$C = \alpha M + \beta K \tag{3-36}$$

式中，α 和 β 可根据式（3-27）和式（3-28）计算；M 为质量矩阵。

■ 3.3 地基基础模型

海上风电机组地基基础类型主要包括桩基础、天然地基基础和筒形基础。一体化设计中的地基基础模型通常简化为"土弹簧"模型，即在地基与结构交界面设置"土弹簧"，通过弹簧刚度反映地基基础的相互作用。对于桩基础和天然地基基础等简单结构，一体化设计模型直接在桩身和浅基础上建立"土弹簧"；对于筒形基础等复杂结构，可采用土体连续介质模型考虑土体-结构接触特性并选择合适的土体本构关系进行有限元分析后，在筒体顶部形成等效刚度矩阵施加到一体化模型中。

3.3.1　桩-土相互作用模型

桩-土相互作用的土弹簧模型如图 3-8 所示，沿桩身设置轴向和侧向弹簧模拟桩侧土体与桩身轴向和侧向相互作用，在桩端设置轴向弹簧模拟桩端的轴向相互作用。分别用 τ-z、p-y 和 q-z 三条曲线描述弹簧的刚度。

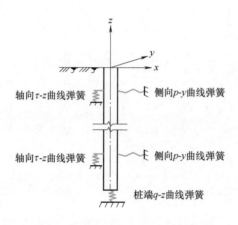

图 3-8　桩-土相互作用的土弹簧模型

1. 桩周轴向相互作用 τ-z 曲线

1）黏土 τ-z 曲线如表 3-1 和图 3-9 所示。

表 3-1　τ-z 曲线表

土类	黏土							砂土		
z/D	0	0.0016	0.0031	0.0057	0.008	0.01	0.02	∞	0	0.1	∞
τ/τ_{max}	0	0.3	0.5	0.75	0.9	1.0	0.7～0.9	0.7～0.9	0	1	1

表 3-1 中 τ 为桩侧单位面积侧阻力，z 为桩侧轴向位移，τ_{max} 为桩周单位面积最大侧阻力值，D 为桩径。

黏土 τ_{max} 可根据下式计算：

$$\tau_{max} = \alpha C_u \tag{3-37}$$

$$\alpha = \begin{cases} 0.5\Psi^{0.50} & (\Psi \leqslant 1.0) \\ 0.5\Psi^{0.25} & (\Psi > 1.0) \end{cases} \leqslant 1.0 \tag{3-38}$$

$$\Psi = \frac{C_u}{p_z'} \tag{3-39}$$

式中，C_u 为黏土不排水抗剪强度；p_z' 为计算点的有效自重应力。

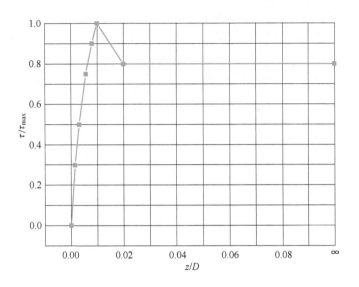

图 3-9　黏土 τ-z 曲线

2）砂土 τ-z 曲线如表 3-1 和图 3-10 所示。

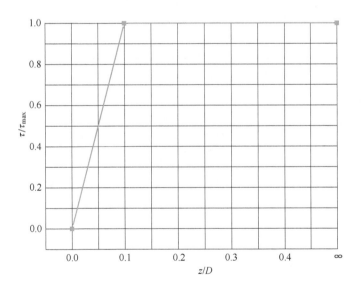

图 3-10　砂土 τ-z 曲线

砂土 τ_{max} 计算如下：

$$\tau_{max} = k_0 p'_z \tan\delta \tag{3-40}$$

式中，k_0 为地基土侧压力系数；δ 为桩壁和土体之间的摩擦角。

2. 桩端轴向相互作用 q-z 曲线

桩端轴向相互作用 q-z 曲线如图 3-11 和表 3-2 所示，q 为桩端单位面积轴向阻力。

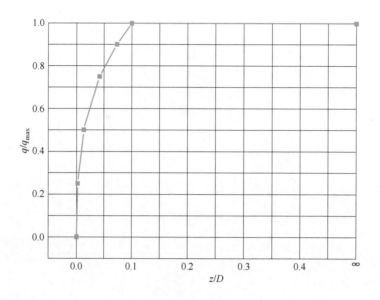

图 3-11　桩端轴向相互作用 q-z 曲线

表 3-2　q-z 曲线表

z/D	0	0.002	0.013	0.042	0.073	0.100	∞
q/q_{max}	0.000	0.25	0.50	0.75	0.90	1.00	1.00

桩端最大阻力 q_{max} 计算如下：

对于黏土：

$$q_{max} = 9C_u \tag{3-41}$$

对于砂土：

$$q_{max} = N_q p_z' \tag{3-42}$$

式中，N_q 是与砂性土密实度相关的系数。

3. 桩周侧向相互作用 p-y 曲线

（1）黏土 p-y 曲线

1）静荷载作用。黏性土在静荷载作用下的 p-y 曲线方程如下：

$$p = \begin{cases} \dfrac{1}{2}p_u\left(\dfrac{y}{y_c}\right)^{1/3} & (y \leqslant 8y_c) \\ p_u & (y > 8y_c) \end{cases} \tag{3-43}$$

式中，p 为桩周土体侧向反力；y 为桩身侧向位移；p_u 为桩周土体侧向极限承载力；y_c 为桩身参考变形值，$y_c = 2.5\varepsilon_c D$，ε_c 为土体三轴不排水压缩试验应力与应变关系曲线中对应于 0.5 倍最大主应力的竖向压缩应变值，D 为桩身直径。

黏土桩周侧向极限承载力 p_u 根据下式计算：

$$p_u = \begin{cases} (3C_u + \gamma'X)D + JC_uX & (0 < X \leq X_R) \\ 9C_uD & (X_R < X) \end{cases} \tag{3-44}$$

式中，X 为泥面以下土体深度；γ' 为土体有效重度；J 为无量纲系数，其经验值为 $0.25 \sim 0.50$，对于正常固结软黏土取 0.50；X_R 为土体埋深过渡点深度，通过令式（3-44）上下部分的 p_u 相等解得。

2）循环荷载作用。黏土在循环荷载作用下的 $p\text{-}y$ 曲线方程如下式：

当 $X > X_R$ 时：

$$p = \begin{cases} \dfrac{1}{2}p_u\left(\dfrac{y}{y_c}\right)^{1/3} & (y \leq 3y_c) \\ 0.72p_u & (y > 3y_c) \end{cases} \tag{3-45}$$

当 $X \leq X_R$ 时：

$$p = \begin{cases} \dfrac{1}{2}p_u\left(\dfrac{y}{y_c}\right)^{1/3} & (y \leq 3y_c) \\ 0.72p_u\left[1 - \left(1 - \dfrac{X}{X_R}\right)\dfrac{y - 3y_c}{12y_c}\right] & (3y_c < y \leq 15y_c) \\ 0.72p_u\dfrac{X}{X_R} & (y > 15y_c) \end{cases} \tag{3-46}$$

3）黏土 $p\text{-}y$ 曲线初始刚度问题。式（3-43）的黏土 $p\text{-}y$ 曲线如图 3-12 所示，该曲线在原点处的初始刚度为无穷大，虽然这种不合理的现象对于侧向极限承载性能分析等大位移情况的影响不显著，但是在诸如疲劳分析、模态分析等小应变情况下，初始刚度对求解结果会产生重要影响，这时候需要对 $p\text{-}y$ 曲线初始刚度进行相应的处理，可以采用以下两种处理方法（见参考文献 [32]）。

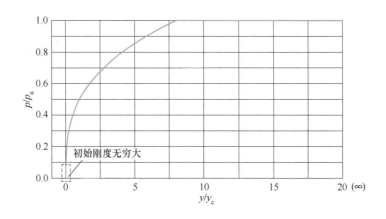

图 3-12　黏土 $p\text{-}y$ 曲线初始刚度

第一种方法：采用适当的离散方式对 $p\text{-}y$ 曲线初始点邻近区域进行离散处理。应根据求解问题的具体情况选择第一个离散点以满足初始刚度符合求解问题需要，常用的处

理方式是将 ($y/y_c = 0.1$，$p/p_u = 0.23$) 作为第一个离散点。

第二种方法：给出黏土 p-y 曲线初始刚度 k_{ini} 按下式计算：

$$k_{ini} = \xi \frac{p_u}{D(\varepsilon_c)^{0.25}}$$
(3-47)

式中，ξ 为经验系数，对于正常固结黏土取 10，超固结黏土取 30。

（2）砂土 p-y 曲线　砂土 p-y 曲线方程如下：

$$p = Ap_u \tanh\left(\frac{kX}{Ap_u}y\right)$$
(3-48)

式中，k 为土体侧向抗力的初始模量，其值与砂土内摩擦角 φ 和相对密实度 D_r 有关，可通过图 3-13 确定。A 为反映加载条件的系数，通过下式计算：

$$A = \begin{cases} 0.90 & \text{静荷载} \\ 3.0 - 0.8\left(\dfrac{X}{D}\right) \geqslant 0.90 & \text{循环加载} \end{cases}$$
(3-49)

砂土侧向极限承载力 p_u 计算如下：

$$p_u = \begin{cases} (C_1 X + C_2 D)\gamma' X & (0 < X \leqslant X_R) \\ C_3 D\gamma' X & (X > X_R) \end{cases}$$
(3-50)

式中，系数 C_1、C_2 和 C_3 可根据砂土内摩擦角 φ 由图 3-14 确定。

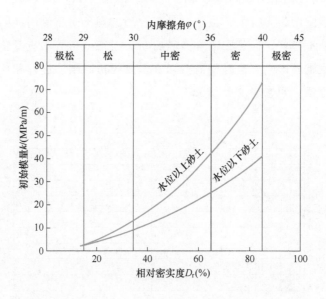

图 3-13　土体侧向抗力初始模量 k 与内摩擦角 φ 关系

3.3.2　天然地基基础模型

天然地基基础的结构-地基相互作用模型可以通过在基础底面设置竖向弹簧、侧向弹簧和绕水平轴旋转的弹簧进行模拟，如图 3-15 所示。根据地基分层和基础埋深情况，对图 3-16 所示的天然地基，可采用半无限空间弹性力学分析方法得到垂直向、侧向和扭转弹簧的刚度 K_V、K_H 和 K_R 计算公式[32]。

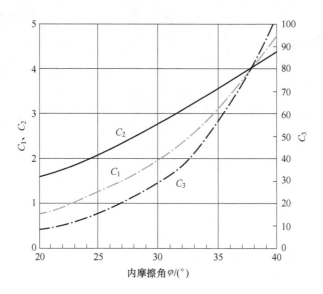

图 3-14　系数 C_1、C_2 和 C_3 与内摩擦角 φ 关系

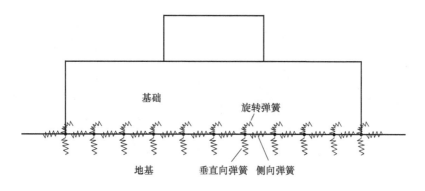

图 3-15　天然地基基础模型

（1）单层均匀地基浅基础

$$K_V = \frac{4GR}{A(1-\nu)}\left(1 + 1.28\,\frac{R}{H}\right) \tag{3-51}$$

$$K_H = \frac{8GR}{A(2-\nu)}\left(1 + \frac{R}{2H}\right) \tag{3-52}$$

$$K_R = \frac{8GR^3}{3A(1-\nu)}\left(1 + \frac{R}{6H}\right) \tag{3-53}$$

式中，G 为土体剪切模量；ν 为土体泊松比；R 为基础半径；A 为基础底面积；H 为土层厚度。

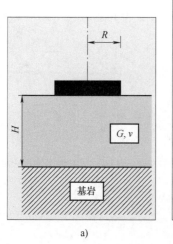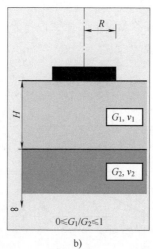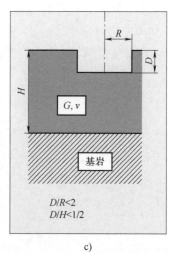

图 3-16　地基埋深与地基分层

（2）两层地基浅基础

$$K_V = \frac{4G_1R}{A(1-\nu_1)} \frac{1 + 1.28\dfrac{R}{H}}{1 + 1.28\dfrac{RG_1}{HG_2}} \qquad \left(1 \leqslant \frac{H}{R} \leqslant 5\right) \tag{3-54}$$

$$K_H = \frac{8G_1R}{A(2-\nu_1)} \frac{1 + \dfrac{R}{2H}}{1 + \dfrac{RG_1}{2HG_2}} \qquad \left(1 \leqslant \frac{H}{R} \leqslant 4\right) \tag{3-55}$$

$$K_R = \frac{8G_1R^3}{3A(1-\nu_1)} \frac{1 + \dfrac{R}{6H}}{1 + \dfrac{RG_1}{6HG_2}} \qquad \left(0.75 \leqslant \frac{H}{R} \leqslant 2\right) \tag{3-56}$$

（3）单层地基深埋基础

$$K_V = \frac{4GR}{A(1-\nu)}\left(1 + 1.28\frac{R}{H}\right)\left(1 + \frac{D}{2R}\right)\left[1 + \left(0.85 - 0.28\frac{D}{R}\right)\frac{D/H}{1-D/H}\right] \tag{3-57}$$

$$K_H = \frac{8GR}{A(2-\nu)}\left(1 + \frac{R}{2H}\right)\left(1 + \frac{2D}{3R}\right)\left(1 + \frac{5D}{4H}\right) \tag{3-58}$$

$$K_R = \frac{8GR^3}{3A(1-\nu)}\left(1 + \frac{R}{6H}\right)\left(1 + 2\frac{D}{R}\right)\left(1 + 0.7\frac{D}{H}\right) \tag{3-59}$$

式中，D 为基础埋深。

3.3.3　筒形基础模型

1. 空间有限元模型

筒形基础等较复杂的地基基础形式可以采用空间有限元方法建立地基基础模型。

分别采用板壳单元和空间实体单元模拟筒体结构和地基，并在结构与地基界面设置接触单元，如图3-17所示。该模型的优点是可以根据求解问题的需要选择合适的土体应力-应变本构模型和接触面单元来合理反映岩土及地基基础相互作用的非线性特性。

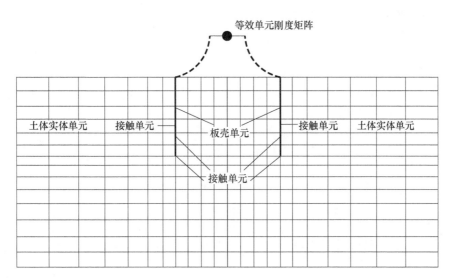

图 3-17 筒形基础有限元模型

2. 小应变硬化土模型 HSS

地基基础的三维有限元模型中土体本构模型是关键。根据分析需求的差异可采用不同的本构关系，对于以分析地基极限承载特性为主要目的的一体化设计可采用理想弹塑性模型，对于关注地基基础变形的计算分析应采用可反映地基非线性变形特性的本构模型。由于一体化设计为动力时程分析，所采用的地基模型应能合理反映土体的动力特性。

土体剪切刚度随剪应变的增加而急剧衰减的现象是土体非常重要的特性，土体在小应变阶段的刚度要远大于较大应变阶段的刚度，其剪切刚度随剪应变变化的关系如图3-18所示。由于海上风电机组安装高度较高，为了满足机组正常运行往往需要将支撑结构变形控制在很小的范围内。海上风电机组在运行期间主要承受常遇的风和波浪荷载作用，在这种受力条件下地基土体剪应变通常在 $10^{-3} \sim 10^{-4}$ 范围。岩土工程常用的非线性弹性 Duncan-Chang 模型，弹塑性的 Mohr-Coulomb 模型、Druker-Prager 模型及 Druker-Prager 盖帽模型、修正剑桥模型等均难以反映土体的小应变刚度。为了能够较好地反映海上风电机组地基的小应变特性，可采用 HSS（Hardening soil small-strain model）小应变硬化土模型。

HSS 模型是在 HS 模型（Hardening Soil Model）的基础上提出的。HS 模型是一个双屈服面模型，分别采用一个双曲线形剪切屈服面以及一个椭圆形的盖帽屈服面反映土体剪切的弹塑性和体积压缩[39]。HSS 模型在 HS 模型的基础上考虑了小应变范围内土体剪切刚度与应变的非线性关系。HSS 模型在描述土体剪切硬化、压缩硬化、加卸载、小应变等方面具有明显优势，且该模型参数直观明了，具有明确的物理意义，可通过普通三轴剪切和侧限仪固结试验及场地土体波速试验参数等获得，便于工程应用。下面简要阐述 HSS 模型的基本原理和主要参数[40]。

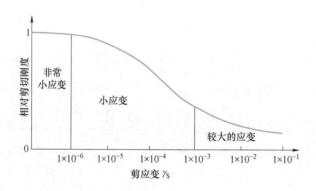

图 3-18   土体剪切刚度随剪应变变化的关系

（1）HSS 的剪切屈服机理   剪切硬化屈服函数 f_1 用垂直应变 ε_1 与标准三轴排水压缩试验的偏应力 q 之间的双曲线来描述，屈服情况如图 3-19 和式（3-60）所示。

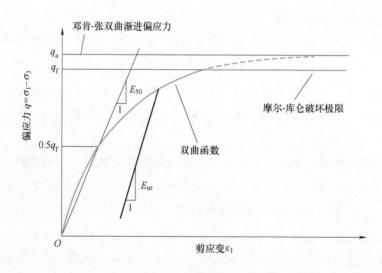

图 3-19   三轴排水条件下的不同模量的确定和应力-应变的双曲线关系

$$f_1 = \frac{q_a}{E_{50}} \frac{q}{q_a - q} - 2\frac{q}{E_{ur}} - \gamma^{ps} \quad \text{当 } q < q_f \qquad (3\text{-}60)$$

式中，γ^{ps} 是塑性应变硬化参数；q_a 是渐近偏应力，由极限偏应力 q_f 和破坏率 R_f 按下式确定：

$$q_a = \frac{q_f}{R_f} \qquad (3-61)$$

（2）刚度的应力相关性　50% q_f 的割线模量 E_{50} 可采用与参考应力相关的幂函数表示如下：

$$E_{50} = E_{50}^{ref} \left(\frac{\sigma_3^* + c\cot\varphi}{\sigma^{ref} + c\cot\varphi} \right)^m \qquad (3-62)$$

式中，$\sigma_3^* = \max(\sigma_3, \ \sigma_L)$，刚度随 σ_3 的减小而降低，σ_3 最小值为极限参考应力 σ_L，此时 $\sigma_L = 10\text{kPa}$；σ^{ref} 是参考应力，与此相对应的模量为 E_{50}^{ref}，在三轴压缩试验中，σ^{ref} 相对应围压 σ_3。

与 E_{50} 类似，卸载与加载曲线的斜率定义为模量 E_{ur}，其与参考应力的关系如下式：

$$E_{ur} = E_{ur}^{ref} \left(\frac{\sigma_3^* + c\cot\varphi}{\sigma^{ref} + c\cot\varphi} \right)^m \qquad (3-63)$$

（3）剪切硬化　剪切硬化屈服函数 f_1 可分为两部分，第一部分是应力的函数，第二部分是塑性应变的函数，$\gamma^{ps} = \varepsilon_1^p - \varepsilon_2^p - \varepsilon_3^p$，体积塑性应变 $\varepsilon_V^p = \varepsilon_1^p + \varepsilon_2^p + \varepsilon_3^p$，在非常小的应变条件下 $\varepsilon_V^p \approx 0$，则有：

$$\gamma^{ps} \approx 2\varepsilon_1^p \qquad (3-64)$$

对于三轴排水情况，ε_1 根据 f_1 屈服条件计算，其由弹性和塑性应变组成：

$$\varepsilon_1 = \varepsilon_1^e + \varepsilon_1^p = \frac{q}{E_{ur}} + \frac{1}{2} \left(\frac{q_a}{E_{50}} \frac{q}{q_a - q} - \frac{2q}{E_{ur}} \right) = \frac{q_a}{2E_{50}} \frac{q}{q_a - q} \qquad (3-65)$$

（4）塑性流动法则和剪胀　塑性流动法则如下：

$$g_1 = \frac{\sigma_1 - \sigma_3}{2} + \frac{\sigma_1 + \sigma_3}{2} \sin\psi_m \qquad (3-66)$$

上式中的启动剪胀角 ψ_m 可按下式计算：

$$\sin\psi_m = 0 \qquad\qquad (\varphi_m < \varphi_{cs}) \qquad (3-67)$$

$$\sin\psi_m = \frac{\sin\varphi_m - \sin\varphi_{cs}}{1 - \sin\varphi_m \sin\varphi_{cs}} \qquad (\varphi_m \geqslant \varphi_{cs}) \qquad (3-68)$$

（5）体积硬化机理　HSS 模型剪切屈服面和盖帽屈服面如图 3-20 所示，其中盖帽屈服函数如下式：

$$f_2 = \frac{q^2}{M^2 r^2(\theta)} + p'^2 + p_c^2 \qquad (3-69)$$

硬化参数 p_c 由以下的硬化法则进行计算：

$$\mathrm{d}p_c = -H \left(\frac{p_c + c\cot\varphi}{\sigma^{ref} + c\cot\varphi} \right)^m \qquad (3-70)$$

式中，H 是控制体积塑性应变的参数，它与给定的压缩应力下的切线压缩模量 E_{oed} 相关，体积塑性应变按下式计算：

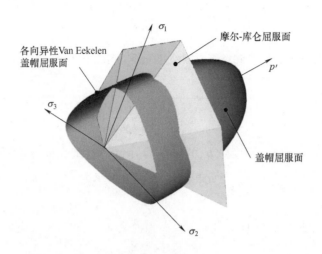

图 3-20 HSS 模型屈服面

$$d\varepsilon_V^p = d\lambda_2 2H\left(\frac{p_c + c\cot\varphi}{\sigma^{ref} + c\cot\varphi}\right)^m p' \tag{3-71}$$

（6）小应变的非线性弹性 小应变刚度的非线性变化采用 Hardin-Drnevich 双曲线描述其与当量单调剪切应变水平 γ_{hist} 的关系如下式：

初始荷载
$$\frac{G_s}{G_0} = \frac{1}{1 + a\dfrac{\gamma_{hist}}{\gamma_{0.7}}} \tag{3-72}$$

卸载/加载
$$\frac{G_s}{G_0} = \frac{1}{1 + a\dfrac{\gamma_{hist}}{2\gamma_{0.7}}} \tag{3-73}$$

HSS 模型参数可通过室内试验确定。通过三轴剪切（加卸载）试验可确定 E_{50}^{ref}、E_{ur}^{ref}、c'、φ'；通过标准固结试验可确定 E_s^{ref} 和初始固结压力 p_{c0}；E_0^{ref} 可通过动三轴试验获取。HSS 模型的相关参数也可通过标准贯入击数、动力触探击数、静力触探比贯入阻力等原位测试数据结合工程经验确定，其中小应变模量 E_0^{ref} 可根据现场剪切波速 v_s 测试结果、土体密度 ρ_s 和泊松比 ν 计算如下：

$$E_0^{ref} = 2v_s^2(1 + \nu)\rho_s \tag{3-74}$$

■ 3.4 主要环境条件及其荷载

海上风电机组一体化模型承受的主要荷载包括重力、惯性荷载、气动荷载、水动荷载、海冰荷载、运行荷载和静水压力等。重力是由于地球引力引起的静力荷载；惯性荷载是结构运行产生的动态荷载；气动荷载是由气流及气流与风力发电机组或支撑结构相互作用引起的静态和动态荷载；水动荷载是由于水流及水流与海上风力发电机组支撑结构相互作用而引起的动态荷载；海冰荷载是由于海冰在结构物前的破坏或浮冰撞击结构物所导致的静态和动态荷载；运行荷载是由风力发电机的运行和控制产生的；静水压力是由于静水头差在结构上产生的静力荷载。在上述荷载中，由风、波浪和海冰环境条件导致的荷载，通常是海上风电机组一体化模型的控制性荷载。本节对风、波浪、海流和海冰环境条件及其荷载做系统阐述。

3.4.1 风及其荷载

1. 风环境

风是海上风电工程主要的环境条件，风荷载是风电机组及其支撑结构承受的主要荷载。风场环境条件是一体化设计分析的重要输入参数，需要通过对风场的观测分析和数值仿真获得风速、风向等参数的时空分布特性，在此基础上才能进行风荷载的计算。风场的时空分布特性主要涉及风频分布、风廓线、稳态和湍流风等。

（1）风频分布　风频分布指统计时段内风速大小的频率分布。风频分布是影响风电机组及支撑结构疲劳损伤的重要因素。目前常采用 Weibull 双参数曲线计算年风频分布 $f(v)$，其表达式如下：

$$f(v) = \frac{C}{A}\left(\frac{v}{A}\right)^{C-1} e^{-(v/A)^C} \tag{3-75}$$

式中，参数 C 和 A 可以根据风速平均值 μ 和标准差 σ 按以下公式计算：

$$A = \frac{\mu}{\Gamma\left(\frac{1}{C} + 1\right)} \tag{3-76}$$

$$C = \left(\frac{\sigma}{\mu}\right)^{-1.086} \tag{3-77}$$

（2）风廓线　风廓线是反映风速 v 随高度 z 变化的曲线，采用指数函数表达如下：

$$v(z) = v(hub)\left(\frac{z}{z_{hub}}\right)^a \tag{3-78}$$

式中，hub 表示风电机组轮毂高度。

（3）稳态风场　稳态风场的风速不随时间而改变，可采用平均风速和风廓线表示。

（4）湍流风场　湍流风场的风速和风向随时间随机变化。一体化分析主要采用湍流风场进行荷载计算，湍流导致的风速风向变化是影响一体化分析中极端荷载和疲劳损伤的重要因素。将湍流风速平均值 μ 与标准差 σ 比值定义为湍流强度 I，即

$$I = \frac{\mu}{\sigma} \tag{3-79}$$

三维湍流风场的风速可以分解为纵向、横向和垂向平均风速与脉动分量的线性叠加。由于横向和垂向平均风速相对于纵向平均风速很小，在湍流风场中通常不考虑横向和垂向平均风速，则风场中某点的风速可表示为

$$\begin{cases} v_u = \overline{U}(z) + v_u(y,z,t) \\ v_v = v_v(y,z,t) \\ v_w = v_w(y,z,t) \end{cases} \tag{3-80}$$

式中，x、y 和 z 分别是风场纵向、横向和垂向坐标；v_u、v_v 和 v_w 分别是纵向、横向和垂向风速湍流分量，它们都是时间 t 的函数；$\overline{U}(z)$ 为纵向平均风速。

工程界常采用风功率密度谱来表示湍流风能量的频率分布特性。常用的风功率谱模型有 Von Karman 谱、Davenport 谱、Harris 谱和 Kaimal 谱等。本书主要采用三维 Von Karman 谱进行湍流风场模拟，Von Karman 谱主要计算过程如下：

假设三个湍流分量相互独立，Von Karman 模型湍流的纵向分量自相关谱密度函数为

$$\frac{fS_{uu}(f)}{\sigma_u^2} = \frac{4\tilde{n}_u}{[1 + 70.8\,\tilde{n}_u^2]^{5/6}} \tag{3-81}$$

式中，$S_{uu}(f)$ 为脉动风速纵向分量的自功率谱密度函数；f 为频率；σ_u 是风速标准差；$\tilde{n}_u$ 是无量纲频率参数，由下式计算：

$$\tilde{n}_u = \frac{fL_u^x}{\overline{U}} \tag{3-82}$$

式中，L_u^x 为纵向湍流分量的长度尺度；$\overline{U}$ 为平均风速。

横向风速湍流分量 v_v 和垂向风速湍流分量 v_w 对应的自相关谱密度函数为

$$\frac{fS_{ii}(f)}{\sigma_i^2} = \frac{4\tilde{n}_{ni}(1 + 755.2\,\tilde{n}_i^2)}{(1 + 282.3\,\tilde{n}_i^2)^{11/6}} \tag{3-83}$$

式中，$\tilde{n}_i = \dfrac{fL_i^x}{\overline{U}}$，下标 i 取 v 或 w，L_v^x、L_w^x 分别是湍流横向和垂向分量长度尺度。

与纵向分量自谱密度函数对应的相干函数为

$$C_u(\Delta r,f) = 0.994\left[A_{5/6}(\eta_u) - \frac{1}{2}\eta_u^{3/5}A_{1/6}(\eta_u)\right] \tag{3-84}$$

式中，$A_j(x) = x^j K_j(x)$，K 是一个分数阶的第二类修正 Bessel 函数，η_u 是两个模拟点之间距离和频率的函数，其表达式如下：

$$\eta_u = 0.747\,\frac{\Delta r}{L_u(\Delta r,f)}\sqrt{1 + 70.8\left[\frac{fL_u(\Delta r,f)^2}{\overline{U}}\right]} \tag{3-85}$$

式中，$L_u(\Delta r,f)$ 为局部长度尺度，其计算公式如下：

$$L_u(\Delta r,f) = 2\min(1.0, 0.04f^{-2/3})\sqrt{\frac{(L_u^y\Delta y)^2 + (L_u^z\Delta z)^2}{\Delta y^2 + \Delta z^2}} \tag{3-86}$$

式中，Δy 和 Δz 为间隔 Δr 的横向和垂向分量，L_u^y 和 L_u^z 是纵向湍流分量的横向和垂向长度尺度。

类似的对于横向和垂向分量，其相应的相干函数为

$$C_i(\Delta r,f) = \frac{0.597}{2.869\gamma_i^2 - 1}[4.781\gamma_i^2 A_{5/6}(\eta_i) - A_{11/6}(\eta_i)] \tag{3-87}$$

$$\eta_i = 0.747\frac{\Delta r}{L_i(\Delta r,f)}\sqrt{1 + 70.8\left(\frac{fL_i(\Delta r,f)}{\overline{U}}\right)^2} \tag{3-88}$$

$$\gamma_i = \frac{\eta_i L_i(\Delta r,f)}{\Delta r} \tag{3-89}$$

式中，γ_i是η_i和Δr的函数，下标i分别取v和w，其局部长度尺度分别为

$$L_v(\Delta r,f) = 2\min(1.0,0.05f^{-2/3})\sqrt{\frac{(L_v^y\Delta y/2)^2 + (L_v^z\Delta z)^2}{\Delta y^2 + \Delta z^2}} \tag{3-90}$$

$$L_w(\Delta r,f) = 2\min(1.0,0.2f^{-1/2})\sqrt{\frac{(L_w^y\Delta y)^2 + (L_w^z\Delta z/2)^2}{\Delta y^2 + \Delta z^2}} \tag{3-91}$$

2. 风荷载

风荷载主要包括叶片气动荷载和支撑结构及机舱风荷载。

（1）叶片气动荷载计算　在风轮机设计中，叶片及风轮的气动荷载和相应的推力和扭矩采用"动量-叶素理论"进行计算。该方法的基本原理是分别通过动量定理和叶素理论推导得到风轮推力和扭矩的计算表达式，然后通过联合求解这两种方法得到的方程组消去其中的未知量后得到推力和扭矩。

1）基于动量定理的风轮推力和扭矩计算。Betz 理论基于动量定理给出了风轮推力计算公式如下：

$$T = 2\rho A v_1^2 a(1-a) \tag{3-92}$$

气流作用在风轮上除了产生轴向推力，还会使其产生扭矩，该扭矩反作用在气流上产生了诱导气流。根据动量矩定理，风轮作用在图 3-2 所示的流管内流体的扭矩为

$$M = \rho A v_0 v_t r \tag{3-93}$$

式中，r 为风轮半径；v_t为风轮边缘切向诱导气流的流速，可通过诱导角速度 ω 和 r 的乘积求得：

$$v_t = \omega r \tag{3-94}$$

由于 ω 难以确定，通过定义切向诱导系数 b 将其表达如下：

$$b = \frac{\omega}{2\Omega} \tag{3-95}$$

式中，Ω 为风轮转动角速度。于是：

$$\omega = 2b\Omega \tag{3-96}$$

将式（3-1）、式（3-94）和式（3-96）代入式（3-93）得到：

$$M = 2\pi\rho(1-a)bv_1\Omega r^4 \tag{3-97}$$

根据作用力与反作用力关系，气流对风轮产生的扭矩大小等于 M，方向相反。

虽然式（3-92）和式（3-97）分别给出了气流对风轮的推力 T 和扭矩 M 的计算公

式，但是由于这两式中的轴向诱导系数 a 和切向诱导系数 b 为未知量，无法通过这两个公式直接计算 T 和 M，还需要根据叶片叶素理论做进一步的计算。

2）基于叶素理论的风轮推力和扭矩计算。叶素理论将风轮叶片沿叶片长度方向（风轮直径方向）离散为有限个叶素进行分析，假设各叶素之间的气流互不干扰，最后将各个叶素上的荷载沿叶片长度方向进行积分得到叶片整体荷载。在风轮半径 r 处截取一个长度 dr 的叶素，叶素上的风速和荷载如图 3-21 所示。叶素的几何形状称为该截面的翼形，翼形几个相关的几何参数定义如下：连接翼形前缘 A 点和后缘 B 点的直线 $\overline{AB}$ 为翼弦；翼形的压力中心点为 O 点，空气动力对压力中心点的力矩等于零；风速度矢量 W 与风轮旋转平面的夹角 ϕ 为入流角；W 与翼弦 $\overline{AB}$ 的夹角为攻角 α；翼弦 $\overline{AB}$ 与风轮旋转平面的夹角 θ 为叶素安装角（桨距角）。

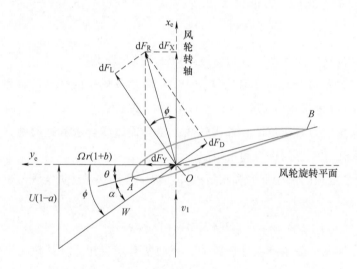

图 3-21　叶素上的风速与荷载

轴向来流风速 v_1 在叶素处产生了轴向速度 $(1-a)v_1$ 和旋转平面内的切向速度 $\Omega r(1+b)$，这两个速度的矢量和为 W。根据图 3-21 分别得到 W 的入流角 ϕ 和攻角 α 如下：

$$\phi = \arctan\left[\frac{(1-a)v_1}{(1+b)\Omega r}\right] \tag{3-98}$$

$$\alpha = \phi - \theta \tag{3-99}$$

气流流经叶素的过程中，受翼形影响在叶素上下表面具有不同的流速从而产生了垂直于气流方向的升力 dF_L 和平行于该方向的阻力 dF_D，这两个力可根据叶素翼形的升力和阻力系数计算如下：

$$dF_L = \frac{1}{2}\rho W^2 C_L c dr \tag{3-100}$$

$$dF_D = \frac{1}{2}\rho W^2 C_D c dr \tag{3-101}$$

式中，C_L、C_D 分别为翼形的升力和阻力系数；c 为翼弦长度。

根据 W 的入流角 ϕ 将上述升力和阻力投影到风轮轴向，并考虑风轮叶片数 N，分别得到推力 dT 和扭矩 dM 如下：

$$dT = N(dF_L\cos\phi + dF_D\sin\phi) = \frac{1}{2}\rho W^2(C_L\cos\phi + C_D\sin\phi)Ncdr \qquad (3\text{-}102)$$

$$dM = N(dF_L\sin\phi - dF_D\cos\phi)r = \frac{1}{2}\rho W^2(C_L\sin\phi - C_D\sin\phi)Ncrdr \qquad (3\text{-}103)$$

最后沿风轮半径对 dT 和 dM 进行积分，即得到整个风轮上的总推力 T 和扭矩 M：

$$T = \int_0^r dTdr \qquad (3\text{-}104)$$

$$M = \int_0^r dMdr \qquad (3\text{-}105)$$

式（3-102）和式（3-103）所给出的风轮推力和扭矩计算公式中同样存在轴向诱导系数 a 和切向诱导系数 b 两个未知量，仍无法通过这两个公式直接计算 T 和 M。

3）动量-叶素理论的风轮荷载计算。根据前面的分析，由于根据动量定理和叶素理论分别得到的风轮推力 T 和扭矩 M 的计算公式中存在轴向诱导系数 a 和切向诱导系数 b 两个未知量，因此无法单独采用这两种方法进行求解，需要联合这两种方法才能求得 a 和 b 后得到 T 和 M，这种方法被称为"动量-叶素理论"。为了与叶素理论中 T 和 M 微分形式相统一，将动量定理 T 和 M 的积分形式［式（3-92）和式（3-97）］写成微分形式，联合叶素理论后得到"动量-叶素理论"控制方程如下：

$$\begin{cases} dT_1 = 4\pi\rho v_1^2 a(1-a)rdr \\[2mm] dM_1 = 4\pi\rho v_1\Omega b(1-a)r^3dr \\[2mm] dT_2 = \frac{1}{2}\rho W^2(C_L\cos\phi + C_D\sin\phi)Ncdr \\[2mm] dM_2 = \frac{1}{2}\rho W^2(C_L\sin\phi - C_D\sin\phi)Ncrdr \end{cases} \qquad (3\text{-}106)$$

令式（3-106）中 $dT_1 = dT_2$、$dM_1 = dM_2$，并结合式（3-98）和式（3-99），可得到：

$$\frac{a}{1-a} = \frac{Nc(C_L\cos\phi + C_D\sin\phi)}{8\pi r\sin^2\phi} \qquad (3\text{-}107)$$

$$\frac{b}{1+b} = \frac{Nc(C_L\cos\phi + C_D\sin\phi)}{8\pi r\sin\phi\cos\phi} \qquad (3\text{-}108)$$

根据式（3-107）和式（3-108），通过迭代计算求得 a 和 b 后，即可计算风轮上的推力和扭矩，迭代过程如下：

① 假设 a 和 b 的初值，通常可取为 0。

② 根据式（3-98）计算入流角 ϕ。

③ 计算攻角 $\alpha = \phi - \theta$。

④ 根据翼形气动特性曲线得到叶素的升力系数 C_L 和阻力系数 C_D。

⑤ 根据式（3-107）和式（3-108）计算出 a 和 b 的新值。

⑥ 重复②～⑤的迭代过程，直到迭代前后 a 和 b 的误差精度满足要求。

（2）支撑结构及机舱风荷载计算　支撑结构及机舱上的风荷载主要是气流流经结构产生的拖曳力，可按下式计算：

$$F_{\text{wind}} = \frac{1}{2} C_w \rho D |v| v \tag{3-109}$$

式中，C_w 为气动拖曳力系数；ρ 为空气密度；D 为构件直径；v 为风速。

3.4.2　波浪及其荷载

波浪是海上风电机组支撑结构与地基基础承受的重要环境荷载，在深水区波浪对支撑结构和地基基础的极限荷载和疲劳荷载的影响往往超过风的影响。一体化设计中需要根据波浪理论求解波浪水体质点运动的时间和空间分布特性，然后计算波浪对结构产生的水动力荷载。

1. 波浪理论

实际海况中波峰面高度和波浪波动引起的水体质点运动是极其复杂的，需要进行简化处理后形成可供工程设计使用的各种波浪理论。根据波峰面轮廓形态可将波浪分为规则波和随机波，规则波理论假设波浪以固定规则的峰面轮廓形态进行传播，随机波理论假设波浪以随机不规则的波高轮廓形态传播。

（1）规则波理论　根据水深、波高和周期等不同条件下的波浪特性，提出了包括线性波（Ariy）、斯托克斯高阶波、流函数波、椭圆余弦函数波和孤立波等规则波理论，图 3-22 给出了各种规则波理论的适用范围。

（2）随机波理论　实际海况中的波浪是由无限多个不同振幅、频率、相位和方向的波组合成的，这些波组构成波浪谱。随机波浪理论采用频谱函数描述波浪的这种随机特性。海洋工程领域最常使用的波浪谱函数为 Pierson-Moskowitz 谱和 Jonswap 谱，这两个波浪谱都是由风产生的风浪谱。

当需要考虑多个波浪方向随机特性的时候还需要建立波浪频率和方向相关的二维波浪谱。

1）Pierson-Moskowitz 谱。Pierson-Moskowitz 谱是一个反映在风作用下充分发展稳定的波浪随机特性的波浪谱，因此该谱适合用于分析波浪导致的疲劳损伤等情况。其谱密度函数如下：

$$S_{\text{PM}}(f) = 0.3125 H_s^2 f_p^4 f^{-5} e^{-0.125\left(\frac{f_p}{f}\right)^4} \tag{3-110}$$

式中，H_s 为有义波高；f_p 为谱峰频率，$f_p = 1/T_p$，T_p 为谱峰周期（peak period）；f 为频率。

典型 P-M 谱曲线如图 3-23 所示。

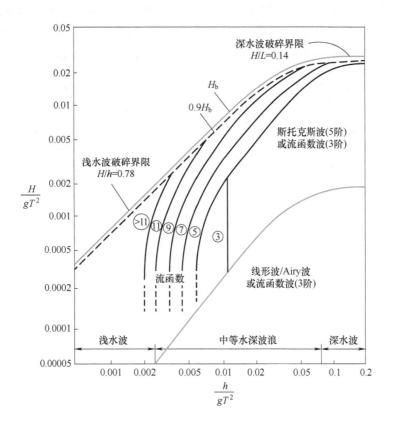

图 3-22　各种规则波理论的适用范围

注：H 为波高；h 为水深；T 为波浪周期；g 为重力加速度。

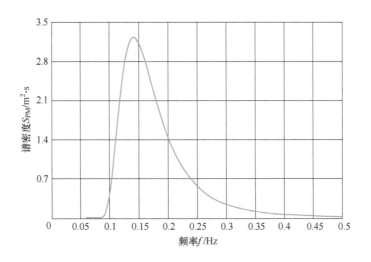

图 3-23　Pierson-Moskowitz 谱曲线

2）Jonswap 谱。Jonswap 谱考虑风作用过程中波浪尚未发展稳定的状况对 Pierson-Moskowitz 谱进行了调整。在相同的能量下 Jonswap 谱比 Pierson-Moskowitz 谱具有更大的能量密度极值和更窄的频带宽度，因此该谱更适用于极端风浪条件或浅水波。Jonswap 谱密度函数如下：

$$S_{JP}(f) = 0.3125 H_s^2 T_p \left(\frac{f}{f_p}\right)^{-5} e^{-0.125\left(\frac{f}{f_p}\right)^4} (1 - 0.287\ln\gamma) \gamma e^{-0.5\left(\frac{\frac{f}{f_p}-1}{\sigma}\right)^2} \qquad (3-111)$$

式中：

$$\sigma = 0.07 \qquad (3-112)$$

形状系数 γ 计算如下：

$$\gamma = \begin{cases} 5.0 & \left(\frac{T_p}{\sqrt{H_s}} \leq 3.6\right) \\ \exp\left(5.75 - 1.15\frac{T_p}{\sqrt{H_s}}\right) & \left(3.6 < \frac{T_p}{\sqrt{H_s}} \leq 5.0\right) \\ 1.0 & \left(\frac{T_p}{\sqrt{H_s}} > 5.0\right) \end{cases} \qquad (3-113)$$

当 $\gamma = 1$ 的时候，Jonswap 谱即退化为 Pierson-Moskowitz 谱。谱峰周期 T_p 可以根据跨零周期（zero-crossing period）T_z 计算如下：

$$T_p = \frac{T_z}{\sqrt{\dfrac{5+\gamma}{11+\gamma}}} \qquad (3-114)$$

图 3-24 给出了一个典型风暴条件下 Jonswap 谱和 Pierson-Moskowitz 谱的对比，从图中可发现 Jonswap 谱的谱峰值明显大于 Pierson-Moskowitz 谱，其值约为 Pierson-Moskowitz 谱的 2.5 倍，显示出非常明显的能量集中现象。

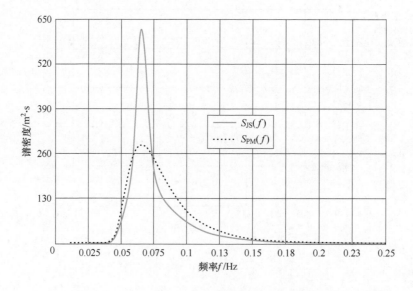

图 3-24　Jonswap 谱和 Pierson-Moskowitz 谱对比

3）二维波浪谱。Jonswap 谱和 Pierson-Moskowitz 谱为仅考虑单个方向传播的一维波浪谱，而实际海况中某一点的波浪往往是由不同方向、不同频率的多个波浪叠加组成的，这种情况下需要建立同时考虑波高频率和方向频率的二维联合波浪谱，可通过下式确定：

$$S(f, \theta) = S(f) D(f, \theta) \tag{3-115}$$

式中，$S(f)$ 为一维波浪谱；$D(f, \theta)$ 为波浪方向分布函数。

由于很难获得准确的 $D(f, \theta)$，在实际工程中可以采用以下简化处理方法：采用在主浪向两侧对称分布、与波浪频率无关的方向分布函数 $D(\theta)$ 代替 $D(f, \theta)$，令该函数满足：

$$\int_{-\pi}^{\pi} D(\theta) d\theta = 1 \tag{3-116}$$

2. 波浪荷载计算

（1）波浪荷载类别　选择合适的波浪理论进行计算得到水体质点速度、加速度等运动特性后即可以计算波浪对结构物产生的水动力荷载。根据荷载产生的不同机理，波浪荷载可以分为拖曳力、惯性力、绕射力和动水压力四种基本类型：拖曳力是由于水体黏性在结构物上产生的阻力；惯性力是由于流场压力梯度和结构运动与流体加速的局部相互作用产生的荷载；绕射力是由于结构物对波浪场流体运动特性的显著干扰导致波浪场变化而引起的荷载；动水压力是由于波浪运动引起的波峰面变化导致的水压力。

（2）Morrison 方程　在结构构件尺寸 D 与波浪长度 L 的比值 $D/L \leqslant 0.20$ 的条件下，可以忽略结构对波浪场的影响，采用 Morrison 方程计算杆件上由拖曳力 F_d 和惯性力 F_m 构成的波浪荷载[41]：

$$F = F_d + F_m = \frac{1}{2} C_d \rho_f D |u_f| u_f + C_m \rho_f A \dot{u}_f \tag{3-117}$$

式中，C_d 为拖曳力系数；C_m 为惯性力系数；ρ_f 为流体密度；D 为构件直径；A 为构件截面积；u_f 为流体质点垂直于杆件方向的速度；$\dot{u}_f$ 为流体质点垂直于杆件方向的加速度。

C_d 和 C_m 与流体雷诺数 Re（Reynolds number）、KC 数（Keulegan-Carpenter number）、构件表面粗糙度、构件截面形状和方位等相关。圆柱构件的 Re 和 KC 可通过下式计算：

$$Re = \frac{u_{max} D}{\nu} \tag{3-118}$$

$$KC = \frac{u_{max} T_i}{D} \tag{3-119}$$

式中，u_{max} 为流体质点在静水面水平方向最大速度；T_i 为波浪固有周期。

上述计算公式表明 C_d 和 C_m 随波浪条件的变化而改变。工程设计中可以参考稳态流的

拖曳力系数 C_{ds} 并结合 KC 数计算波浪拖曳力系数 C_d[32]：

$$C_{ds} = \begin{cases} 0.65 & (k/D \leqslant 10^{-4}) \\ \dfrac{29 + 4\lg(k/D)}{20} & (10^{-4} < k/D < 10^{-2}) \\ 1.05 & (10^{-2} \leqslant k/D) \end{cases} \qquad (3\text{-}120)$$

式中，k 为构件表面粗糙度，当 $k/D \leqslant 10^{-4}$ 时认为构件表面是光滑的，无海生物附着的钢管可作为光滑构件处理，海生物附着情况下 $k = 0.005 \sim 0.05\mathrm{m}$。

C_d 与 C_{ds} 关系如下：

$$C_d = C_{ds}\psi(C_{ds}, KC) \qquad (3\text{-}121)$$

式中，$\psi(C_{ds}, KC)$ 可通过图 3-25 确定。

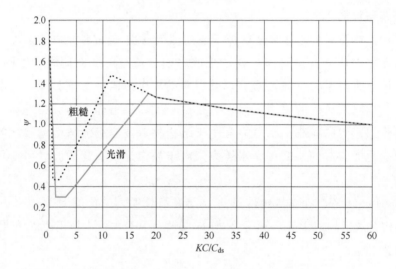

图 3-25　波浪 C_d 与 KC/C_{ds} 的关系

波浪惯性系数 C_m 与 KC、C_{ds} 的关系可通过下式计算：

$$C_m = \begin{cases} 0 & (KC \leqslant 3) \\ \max[2.0 - 0.044(KC - 3), 1.6 - (C_{ds} - 0.65)] & (KC > 3) \end{cases} \qquad (3\text{-}122)$$

（3）波浪绕射力　当结构构件尺寸 D 与波浪长度 L 的比值 $(D/L) > 0.20$ 的时候，结构对波浪场会产生明显干扰致导波浪出现绕射效应，这种情况下不能采用 Morrison 方程计算波浪荷载，需要将结构物所占据的流场区域作为不透水区域边界条件进行分析。对于从海床面延伸到水面以上半径为 a 的柱体结构，沿着波浪传播方向单位高度圆柱上的波浪绕射力 f_x 可根据下式计算（见参考文献 [42]）：

$$f_x = \frac{2\rho_f gH}{k}\frac{\cosh(ks)}{\cosh(kd)}\frac{1}{\sqrt{A_1(ka)}}\cos(\omega t - \alpha) \qquad (3\text{-}123)$$

式中：

$$A_1(ka) = J_1'^2(ka) + Y_1'^2(ka) \tag{3-124}$$

$$\alpha = \arctan\left[\frac{J_1'(ka)}{Y_1'(ka)}\right] \tag{3-125}$$

可以将上述绕射力等效转换成 Morrison 方程的惯性力：

$$f_x = C_m \rho_f \pi a^2 \dot{u}_\alpha \tag{3-126}$$

式中，$\dot{u}_\alpha$ 为相位滞后 α、离海底高度 s 处的水体质点加速度，其计算如下：

$$\dot{u}_\alpha = (gHk/2)\left[\cosh(ks)/\cosh(kd)\right]\cos(\omega t - \alpha) \tag{3-127}$$

$$C_m = \frac{4}{\pi(ka)^2\sqrt{A_1}} \tag{3-128}$$

3.4.3　海流及其荷载

1. 海流流速计算

相对于风和波浪，海流随时间的变化程度较小。在海上风电一体化设计中通常将海流作为恒定流处理，只考虑流速随深度的变化。根据成因，海流主要由次表面流、表面风生流和波浪诱发流等部分组成，海流总流速由这些分量的矢量和构成。

（1）次表面流　次表面流主要由潮汐、风暴潮和大气压力变化等引起，其流速 u_{sub} 的分布可用水深 h 的幂函数按式（3-129）表示，流速剖面如图 3-26 所示。

$$u_{sub}(z) = u_{sub}(0)\left(\frac{z+h}{h}\right)^{1/7} \tag{3-129}$$

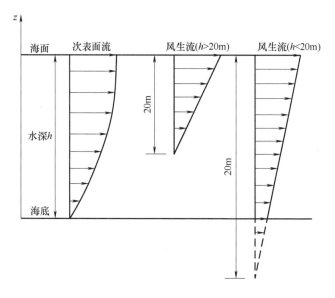

图 3-26　海流流速剖面

（2）表面风生流　表面风生流流速 u_w 可按线性分布式（3-130）表示，该速度从海面的 $u_w(0)$ 线性减少到静水位以下 20m 处的 0 值，如图 3-26 所示。在水深小于 20m 的情况下海底的风生流流速 u_w 不为 0。

$$u_w(z) = u_w(0)\left(1 + \frac{z}{20}\right) \tag{3-130}$$

在海上风电一体化设计中海面表面风生流的流速 $u_w(0)$ 取为海平面以上 10m 高度 1h 平均风速的 1%。

2. 海流荷载计算

将海流作为恒定流处理，可按 Morrison 方程式（3-117）的拖曳力计算海流对结构物的荷载。

3.4.4　海冰及其荷载

1. 海冰环境

海冰为由海水冻结形成的冰，根据运动形态海冰分为固定冰和浮冰。固定冰是指沿着海岸形成并与海岸或海底固定冻结在一起或者随着潮位变化作垂直升降运动的海冰。浮冰是在风、浪、流和潮汐的作用下产生漂移、破碎、重叠、堆积、上下起伏和重新冻结的海冰。海冰对海洋结构物的作用包括产生静力和动力荷载，海冰的动力荷载会导致结构的冰激振动和疲劳损伤。海冰区域海上风电机组支撑结构一体化设计需要合理地确定相应海域的海冰环境及其参数，主要包括冰期、海冰类型、冰厚、冰物理力学指标、冰速、冰温、冰向及其长期概率分布。海冰环境条件应通过现场实测分析得到，在缺少现场实测资料的情况下可通过海冰热力-动力过程的模拟分析获取海冰参数。中国海冰区域包括渤海及北黄海区域，中国海洋石油行业根据相关研究和生产需要，将渤海及北黄海划分为 21 个海冰区域，并给出了每个区域的主要海冰环境参数[43]。

2. 海冰荷载

海冰荷载可分为静冰和动冰荷载，其荷载模式与海冰和结构物作用后海冰的破坏模式相关。海冰在直立结构上主要发生挤压破坏，在斜面结构上主要产生弯曲破坏。由于海冰的弯曲强度远小于其压缩强度，其弯曲破坏冰力明显小于挤压破坏冰力。在工程设计中常通过设置锥体结构来降低海冰极值荷载并减少冰激振动。这两种结构形式的冰荷载计算简图如图 3-27 所示。

（1）直立结构的海冰荷载

1）静冰荷载。海冰在直立结构（与水平面的夹角大于 70°）上的破坏模式主要为挤压破坏，其最大侧向静冰力 $H_{ice,c}$ 为

$$H_{ice,c} = k_1 k_2 k_3 h D \sigma_c \tag{3-131}$$

式中，h 为海冰厚度；D 为结构宽度；σ_c 为海冰压缩强度；k_1 为结构形状系数，圆柱结构

取 0.9，方形结构取 1.0；k_2 为接触系数，冰在挤压破坏过程中产生连续运动时取 0.5，海冰与结构完全冻结且刚开始产生挤压运动时取 1.0，结构周围冰厚度增加时取 1.50；k_3 为反映海冰与结构接触点应力状态的系数，可按 $k_3 = \sqrt{1 + 5h/D}$ 计算。

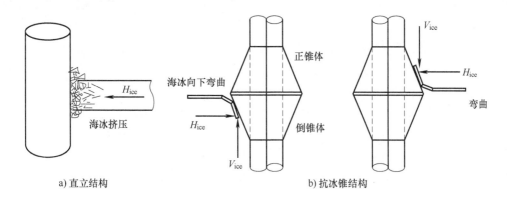

a) 直立结构   b) 抗冰锥结构

图 3-27 海冰破坏模式及荷载

2）动冰荷载。直立结构上的动冰荷载分为准静态模式、稳态振动模式及随机振动模式。当海冰挤压破碎频率与结构自振频率相等时会产生剧烈的稳态振动，此时海冰破碎与结构振动都被"锁定"在结构自振频率上，这种现象称为"锁定冰激振动"，该振动模式是对海上风电机组支撑结构影响最大的冰激振动模式。锁频冰激振动产生的条件及其冰力函数详见 4.4.1 冰激振动的冰力函数。

（2）倾斜结构的海冰荷载[44]

1）静冰荷载。当海冰与倾斜结构（与水平面的夹角小于等于 70°）接触的时候，海冰在倾斜面上爬升发生弯曲破坏，其最大静冰力计算如下：

① 正斜面冰压力。正斜面是导致海冰产生向上弯曲的斜面，其面上最大侧向静冰力 $H_{\text{ice,b}}$ 和垂向静冰力 $V_{\text{ice,b}}$ 计算如下：

$$H_{\text{ice,b}} = A_4 \left[A_1 \sigma_b h^2 + A_2 \gamma_f h D^2 + A_3 \gamma_f h (D^2 - D_T^2) \right] \tag{3-132}$$

$$V_{\text{ice,b}} = B_1 H + B_2 \gamma_f h (D^2 - D_T^2) \tag{3-133}$$

② 反斜面冰压力。反斜面是导致海冰产生向下弯曲的斜面，其面上最大侧向静冰力 $H_{\text{ice,b}}$ 和垂向静冰力 $V_{\text{ice,b}}$ 计算如下：

$$H_{\text{ice,b}} = A_4 \left[A_1 \sigma_b h^2 + \frac{1}{9} A_2 \gamma_f h D^2 + \frac{1}{9} A_3 \gamma_f h (D^2 - D_T^2) \right] \tag{3-134}$$

$$V_{\text{ice,b}} = B_1 H + \frac{1}{9} B_2 \gamma_f h (D^2 - D_T^2) \tag{3-135}$$

式中，σ_b 为海冰压缩强度；γ_f 为海水重力密度；D 为水位处倾斜结构的宽度；D_T^2 为倾斜结构顶部宽度；系数 $A_1 \sim A_4$、$B_1 \sim B_2$ 是斜面倾角 α 和海冰与结构接触的动摩擦系数 μ 的函数，通过图 3-28 确定，图中 α 为斜面与水平面的夹角，μ 为摩擦系数，对于混凝土结构和锈蚀钢结构取 0.15，无锈蚀钢结构取 0.10。

对于设置上下正反锥体的抗冰锥结构，当海冰作用在正反锥体交接处时需要对上述侧向海冰力计算结果乘以一个修正系数：交接处为尖顶结构时取 2.0 修正系数，圆体结构为 3.0。

2）动冰荷载。斜面结构上的动冰力函数详见 4.4.1 冰激振动的冰力函数。

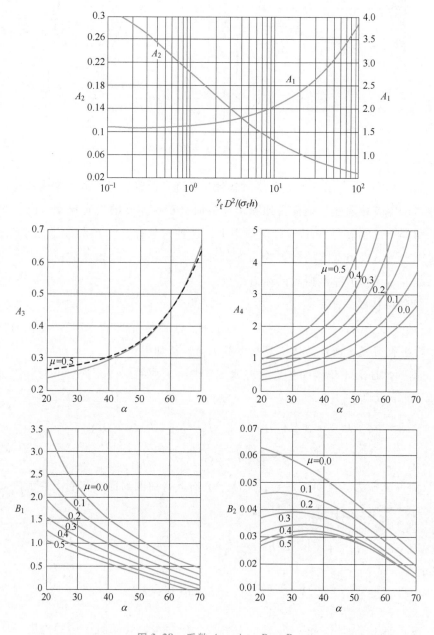

图 3-28　系数 $A_1 \sim A_4$、$B_1 \sim B_2$

■ 3.5　一体化分析的求解方法

3.5.1　一体化分析的动力学方程

将风电机组、支撑结构和地基基础各部分的有限元模型和荷载组合形成一体化分析的动力学方程如下：

一体化模型为线性模型时，动力学方程为

$$M\ddot{u}(t) + C\dot{u}(t) + Ku(t) = F(t) \tag{3-136}$$

一体化模型为非线性模型时，考虑刚度矩阵非线性的动力学方程为

$$M\ddot{u}(t) + C\dot{u}(t) + K[u(t)]u(t) = F(t) \tag{3-137}$$

一体化分析动力学方程是一个关于结构位移的二阶偏微分方程组，需要结合初始条件和边界条件进行求解。

3.5.2　动力学方程的数值解法

1. 线性动力方程的数值求解

结构动力方程（3-136）可采用逐步积分法进行求解。该方法在时间域上进行离散，在各个离散时间点区段内通过近似方法将加速度和速度转换为位移的函数，从而将动力学方程转换为一个只包含位移未知量的线性方程组。根据加速度不同的离散模式，常用的逐步积分法可分为中央差分法、线性加速度法、Wilson-θ 法和 Newmak-β 法等。由于 Wilson-θ 法具有计算无条件稳定、收敛快和精度较高等优点，工程设计分析中常采用该方法进行动力学方程的求解。Wilson-θ 方法的基本原理及计算过程如下：

假设在时间步 $\theta\Delta t$ 内加速度按线性变化如下：

$$\ddot{u}_{t+\tau} = \ddot{u}_t + \tau A_1 \tag{3-138}$$

式中：

$$A_1 = (\ddot{u}_{t+\theta\Delta t} - \ddot{u}_t)/\theta\Delta t$$

对式（3-138）的加速度在 $0 \leqslant \tau \leqslant \theta\Delta t$ 区间内先后进行两次积分，分别得到速度和位移如下：

$$\dot{u}_{t+\tau} = \dot{u}_t + \tau\ddot{u}_t + \frac{\tau^2}{2\theta\Delta t}(\ddot{u}_{t+\theta\Delta t} - \ddot{u}_t) \tag{3-139}$$

$$u_{t+\tau} = u_t + \tau\dot{u}_t + \frac{1}{2}\tau^2\ddot{u}_t + \frac{\tau^3}{6\theta\Delta t}(\ddot{u}_{t+\theta\Delta t} - \ddot{u}_t) \tag{3-140}$$

将 $\tau = \theta\Delta t$ 代入式（3-139）和式（3-140），分别得到：

$$\dot{u}_{t+\theta\Delta t} = \dot{u}_t + \frac{\theta\Delta t}{2}(\ddot{u}_{t+\theta\Delta t} + \ddot{u}_t) \tag{3-141}$$

$$u_{t+\theta\Delta t} = u_t + \theta\Delta t\,\dot{u}_t + \frac{\theta^2\Delta t^2}{6}(\ddot{u}_{t+\theta\Delta t} + 2\,\ddot{u}_t) \qquad (3\text{-}142)$$

根据式（3-141）、式（3-142），可以将（$t+\theta\Delta t$）时刻的加速度和速度分别用位移来表示如下：

$$\ddot{u}_{t+\theta\Delta t} = \frac{6}{\theta^2\Delta t^2}(u_{t+\theta\Delta t} - u_t) - \frac{6}{\theta\Delta t}\dot{u}_t - 2\ddot{u}_t \qquad (3\text{-}143)$$

$$\dot{u}_{t+\theta\Delta t} = \frac{3}{\theta\Delta t}(u_{t+\theta\Delta t} - u_t) - 2\dot{u}_t - \frac{\theta\Delta t}{2}\ddot{u}_t \qquad (3\text{-}144)$$

于是在（$t+\theta\Delta t$）时刻的动力学方程可以表达如下式：

$$M\ddot{u}_{t+\theta\Delta t} + C\dot{u}_{t+\theta\Delta t} + Ku_{t+\theta\Delta t} = \tilde{F}_{t+\theta\Delta t} \qquad (3\text{-}145)$$

式中：

$$\tilde{F}_{t+\theta\Delta t} = F_t + \theta(F_{t+\Delta t} - F_t) \qquad (3\text{-}146)$$

将式（3-143）和式（3-144）代入式（3-145），得到关于 $u_{t+\theta\Delta t}$ 的方程如下：

$$\tilde{K}u_{t+\theta\Delta t} = \tilde{F}_{t+\theta\Delta t} \qquad (3\text{-}147)$$

式中：

$$\tilde{K} = K + \frac{6}{\theta^2\Delta t^2}M + \frac{3}{\theta\Delta t}C$$

$$\tilde{F}_{t+\theta\Delta t} = F_t + \theta(F_{t+\Delta t} - F_t) + M\left(\frac{6}{\theta^2\Delta t^2}u_t + \frac{6}{\theta\Delta t}\dot{u}_t + 2\,\ddot{u}_t\right) +$$

$$C\left(\frac{3}{\theta\Delta t}u_t + 2\,\dot{u}_t + \frac{\theta\Delta t}{2}\ddot{u}_t\right)$$

求解式（3-147）得到 $u_{t+\theta\Delta t}$ 后代入式（3-143）即可得到 $\ddot{u}_{t+\theta\Delta t}$。在式（3-138）中取 $\tau = \Delta t$，并代入式（3-143），得到（$t+\theta\Delta t$）时刻的加速度如下：

$$\ddot{u}_{t+\Delta t} = \frac{6}{\theta^3\Delta t^2}(u_{t+\theta\Delta t} - u_t) + \frac{6}{\theta^2\Delta t}\dot{u}_t + \left(1 - \frac{3}{\theta}\right)\ddot{u}_t \qquad (3\text{-}148)$$

将式（3-138）代入式（3-139）和式（3-140），并取 $\tau = \Delta t$，得到（$t+\theta\Delta t$）时刻的速度和位移如下：

$$\dot{u}_{t+\Delta t} = \dot{u}_t + \frac{\Delta t}{2}(\ddot{u}_{t+\Delta t} + \ddot{u}_t) \qquad (3\text{-}149)$$

$$u_{t+\Delta t} = u_t + \Delta t\,\dot{u}_t + \frac{\Delta t^2}{6}(\ddot{u}_{t+\Delta t} + 2\,\ddot{u}_t) \qquad (3\text{-}150)$$

当 $\theta > 1.37$ 时，Wilson-θ 方法是无条件收敛的，与时间步长取值无关。

2. 非线性动力方程的数值求解

非线性动力学方程式（3-137）可以采用增量法、迭代法和混合法求解。增量法将荷载分解为多个荷载步，在每个荷载增量步计算中假设刚度矩阵为与前一荷载步相同，通过逐次施加荷载增量进行计算；迭代法在计算中一次施加全部荷载，通过迭代过程逐步调整位移和应变使之满足非线性关系；混合法为综合应用增量法和迭代法。动力学方程求解的 Wilson-θ 法在时间域上进行了离散，为了与之更好地适应，可采用迭代法进行非线性求解，其主要流程如下：

对于第一个时间节点 t，首先根据初始位移 $u(t)_{i=0}$ 求解初始刚度 $K[u(t)]_{i=0}$；将 $K[u(t)]_{i=0}$ 代入式（3-136），采用逐步积分法求得第一次迭代的位移 $u(t)_{i=1}$；根据 $u(t)_{i=1}$ 重新计算刚度矩阵 $K[u(t)]_{i=1}$ 后求解得到第二次迭代位移 $u(t)_{i=2}$；重复迭代，直到前后两次迭代的位移差满足精度要求完成该时间节点求解，然后开始下一个时间点的计算。

第4章 极端环境条件和正常发电工况的一体化设计

■ 4.1 极端环境条件工况

4.1.1 海上风电机组设计工况

国际电工协会制定的海上风电机组设计要求 IEC 61400-3《Wind turbines Part3: Design requirements for offshore wind turbines》，根据风电机组的运行状态，海上风电机组整体系统的设计可以分为以下 8 种工况：

（1）正常发电 DLC1 在此设计工况下风力发电机组处于正常的发电运行状态并接入电网。

（2）发电和故障 DLC2 此设计工况为风力发电机组在发电过程中由于遇到机组故障或电网接入故障而触发的瞬变状态。机组故障包括控制系统、保护系统或电气系统故障，这些故障对机组荷载会产生明显的影响。

（3）机组启动 DLC3 此设计工况为机组由停机或空转状态切换到发电状态的正常过渡过程。

（4）机组正常关机 DLC4 此设计工况为机组从发电工况切换到停机或空转状态的正常过渡过程。

（5）机组紧急关机 DLC5 此设计工况为机组遇到突发事件从发电工况紧急切换到停机或空转状态的过渡过程。

（6）停机 DLC6 此设计工况中风电机组以正常状态处于停机或空转状态。

（7）停机和故障 DLC7 此设计工况为风电机组处于故障停机状态。

（8）运输安装维护 DLC8 此设计工况考虑风电机组运输、现场组装、运行维护和检修情况。

将上述 8 种风电机组运行状态分别与不同的风、波浪、水流、水位等环境条件和外部电网条件进行组合，可以确定海上风电机组完整的设计工况。

4.1.2 极端环境工况定义

海上风力发电机组设计寿命通常为 20 年，设计极端环境条件指 50 年重现期的风、波浪、水流、潮位等海洋水文气象环境条件。海上风电机组设计中将停机工况 DLC6 与极端环境条件进行组合形成了 DLC6.1 和 DLC6.2 两种具体工况，由于在极端环境条件下海上风电机组及支撑结构承受最大的环境荷载，因此 DLC6 工况常常成为支撑结构的极限荷载工况。

极端环境工况下风、波浪、水流、潮位和其他外部环境条件定义见表 4-1。

表 4-1 海上风电机组极端环境条件设计工况

工况	风	波浪	风、浪方向	海流	潮位	电网条件
6.1a	湍流极端风模型 $V_{Hub} = K_1 V_{ref}$	随机极端波模型 $H_s = K_2 H_{s50}$				正常
6.1b	稳态极端风模型 $V_{Hub} = V_{50}$	确定性简化波模型 $H = H_{red50}$				正常
6.1c	稳态削减风模型 $V_{Hub} = V_{red50}$	确定性极端波模型 $H = H_{50}$	考虑风、浪方向偏差及最不利方向	最大海流速	极端高水位	正常
6.2a	湍流极端风模型 $V_{Hub} = K_1 V_{ref}$	随机极端波模型 $H_s = K_2 H_{s50}$				电网断电
6.2b	稳态极端风模型 $V_{Hub} = V_{50}$	确定性简化波模型 $H = H_{red50}$				电网断电

表 4-1 所给的工况，进一步详细阐述如下：

1）极端环境工况下风电机组处于停机状态（Parked），叶轮处于锁定静止（Standing still）或空转（Idiling），为了降低极端环境条件下的荷载，此时叶片桨距角通常处于最小迎风面积的方向。

2）在缺少极端风浪长期联合概率分布的条件下，应假设 50 年重现期的 10min 平均极端风速发生在 50 年重现期的极端海况中。

3）极端环境工况下风和波浪的组合分别考虑湍流风和随机波组合（6.1a、6.2a）、稳态风和确定性波浪组合（6.1b、6.1c、6.2b）。

4）湍流风和随机波组合（6.1a、6.2a）工况中，轮毂处风速取 50 年重现期 10min 平均风速 V_{ref}，波高取 50 年重现期的有效波高 H_{s50}。为了能更好地反映风和波浪的随机特性，需要有足够的仿真分析时长。在海上风电一体化分析中，对于湍流风和随机波工况需要开展 6 次 1h 的仿真分析。在这种情况下，需要根据统计时段和仿真时程对风速和波浪的统计参数进行调整：通过乘以修正系数 $K_1 = 0.95$ 将风速 V_{ref} 由 10min 平均值修正到 1h 平均值，相应的湍流强度标准差需要增加 0.2m/s；基于 3h 观测期的有效波高 H_{s50} 需要乘以修正系数 $K_2 = 1.09$ 进行调整。为了减少仿真计算时间，可以采用约束波方法开展 10min 的动态仿真，即通过在一系列不规则的线性波中嵌入一个非线性规则波的方法来计算波浪运动，在这种情况下轮毂高度处平均风速取 V_{ref}，有效波高取 H_{s50}，同时所嵌入的规则波高取为 H_{50}。

5）稳态风和确定性波浪组合工况（6.2b、6.2c、6.3b）中，为避免过度保守不采用 50 年重现期最大波浪 H_{50} 和最大值风速 V_{50} 直接组合，而分别采用 H_{50} 与削减风速 V_{red50}、削减波高 H_{red50} 与 V_{50} 进行组合。V_{red50} 和 H_{red50} 应分别根据 H_{50} 和 V_{red50}、H_{red50} 和 V_{50} 发生概率相等的原则确定。在瑞利分布的条件下可按 $H_{red50} = 1.1H_{s50}$、$V_{red50} = 1.1V_{ref}$ 计算。

6）在缺少极端环境条件下风和波浪方向统计资料的情况下，应按支撑结构产生最大荷载的条件确定风和波浪的方向及其方向偏差。

7）极端环境条件工况中，风电机组偏航角取值范围应根据偏航系统类型、外部电网（或备用电源）条件和风场模型等确定。对于不发生偏航滑移的主动型偏航系统，在电网（或备用电源）始终处于可靠供电状态下（6.1 工况），对于湍流风模型（6.1a）考虑 ±8°最大偏航角度，对于稳态风模型（6.1b、6.1c）考虑 ±15°最大偏航角度。对于风电机组在极端环境初期即失去电网接入的情况（6.2），除非控制系统和偏航系统的备用电源持续供电时间大于 6h，否则应考虑 ±180°偏航角度变化范围。

■ 4.2　极端环境条件的塔底荷载特性分析

塔架底部是上部风电机组和塔架与下部地基基础结构的交界面，塔底荷载是一体化设计重要的计算成果，通过对塔底荷载的分析可以研究一体化设计模型中地基基础与上部结构相互作用、多种环境荷载耦合效应等影响。本节通过一个算例对极端环境条件下一体化设计的塔底荷载特性进行分析。

4.2.1　算例的一体化设计模型

1. 环境条件

（1）风环境条件　算例所在的海上风电场海平面以上 100m 高度年平均风速为 8.70m/s，其主风向为 NE、NNE 方向。场址区域空气密度为 1.184kg/m³，极端环境条件下风切变指数为 0.05。风电场处于台风频发海域，100m 高度 50 年重现期 10min 平均风速 V_{ref} 为 46.2m/s，50 年重现期 3s 平均的风速 V_{50} 为 64.7m/s。

采用三维 von Karman 湍流模型建立了极端环境条件下的三维湍流风场，得到 100m

高度处纵向、横向和垂向的风速随时间变化过程如图 4-1 ~ 图 4-3 所示，计算结果表明：在 10min 的仿真周期中，纵向风速的方向始终保持为单一来流方向，风速大小变化剧烈，其最大和最小风速分别为 67.47m/s 和 22.82m/s，平均风速 46.20m/s，纵向湍流强度为 14.41%；横向风速产生了左右方向的变化，其最大和最小风速分别为 17.98m/s 和 -18.48m/s，平均风速 0.35m/s，横向湍流强度为 11.29%。垂向风速也产生了上下方向的变化，其最大和最小风速分别为 11.41m/s 和 -13.48m/s，平均风速只有 0.09m/s，垂向湍流强度为 7.94%。

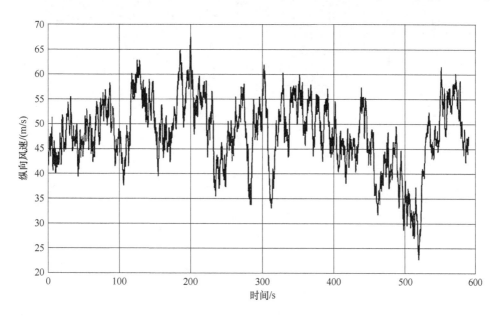

图 4-1　纵向风速变化曲线

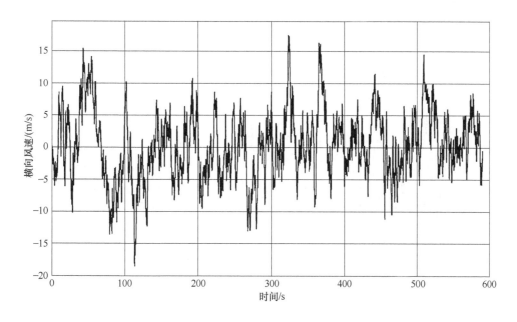

图 4-2　横向风速变化曲线

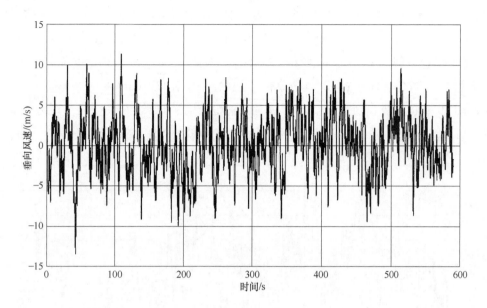

图 4-3　垂向风速变化曲线

（2）海洋水文环境条件　算例中风电机组所在位置的海床面高程 −40m，场区最高静水位 HSWL = 3.00m，最低静水位 LSWL = −3.00m，平均海平面 MSL = 0.00m。风电场50 年重现期有效波高 H_{s50} = 9.25m，谱峰周期 T_p = 12.0s，50 年重现期最大波高 H_{50} = 17.2m。

基于 Jonswap 谱和约束波法对 50 年重现期的波浪场进行了 10min 数值仿真，得到波峰面高度变化曲线如图 4-4 所示，图中两个相邻的最高和最低波峰面高度分别为 9.6m 和 −7.6m，最大波高 17.2m。

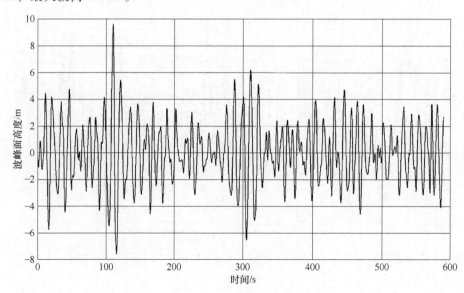

图 4-4　波峰面高度变化曲线

2. 风电机组及塔架

采用一个5MW上风向三叶片变速变桨型水平轴海上风电机组，其风轮直径为121m，叶片长度为58.5m，机舱尺寸为16m×5.5m×4.5m，机舱质量为265t。轮毂中心距离平均海平面100m。塔架为钢筒结构，塔架总高度为88m，塔架直径为3.6～6.0m，壁厚为20～80mm。风电机组-支撑结构如图4-5所示。

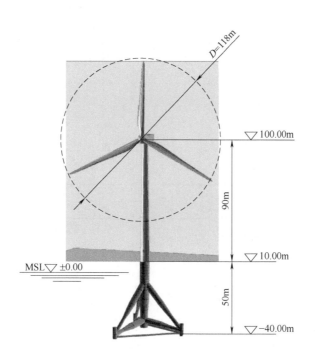

图4-5　风电机组-支撑结构整体布置

3. 下部结构与地基基础模型

（1）下部结构　下部结构采用三脚架桩基，基础中心主筒通过三根斜撑和三根水平连杆与桩腿套管连接，钢管桩通过桩腿套管采用灌浆连接方式与三脚架连接。基础顶高程为10.0m。桩中心距为41.5m。中心主筒直径为 5.0 ～ 6.0m，壁厚为50 ～ 90mm。斜撑直径为2.5～4.0m，壁厚为60mm。水平撑直径为2.5～4.7m，壁厚为40～60mm，桩腿套管直径为2.60m，壁厚为80mm。钢管桩直径为2.3m，入土深度为80m。基础结构布

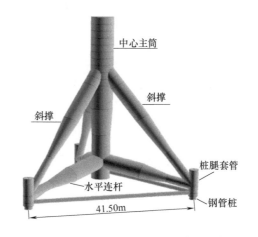

图4-6　下部三脚架支撑结构示意图

置如图 4-6 所示。

（2）地基基础　海床地基土为黏性土和砂性土互层，从上到下可分为 10 个分层，各分层的土性、厚度和主要抗剪强度指标见表 4-2。

表 4-2　海床地基土层基本信息

土 层 编 号	土　性	层厚/m	黏性土不排水抗剪强度 C_u/kPa	砂性土内摩擦角 φ/(°)
②	粉质黏土夹砂	1.7	25	—
③	中砂	7.1	—	36
④	粉质黏土夹砂	3.6	35	—
④t	中粗砂夹黏性土	7.1	—	39
④	粉质黏土夹砂	2.7	35	—
⑤	中砂夹黏性土	4.4	—	37
⑥	粉质黏土夹砂	31.9	60	—
⑦	中粗砂	5.7	—	38
⑧	黏土	8	90	—
⑨	中粗砂	32.8	—	39

分别采用 $p\text{-}y$、$t\text{-}z$ 和 $q\text{-}z$ 曲线模拟桩-土侧向和垂向的相互作用，得到桩顶等效刚度矩阵如下：

$$K_{eq} = \begin{array}{c|cccccc} & u_x & u_y & u_z & \theta_x & \theta_y & \theta_z \\ \hline F_x & 1.685 \times 10^8 & 0 & 0 & 0 & -7.254 \times 10^8 & 0 \\ F_y & 0 & 1.685 \times 10^8 & 0 & 7.254 \times 10^8 & 0 & 0 \\ F_z & 0 & 0 & 3.622 \times 10^9 & 0 & 0 & 0 \\ M_x & 0 & 7.254 \times 10^8 & 0 & 5.048 \times 10^9 & 0 & 0 \\ M_y & -7.254 \times 10^8 & 0 & 0 & 0 & 5.048 \times 10^9 & 0 \\ M_z & 0 & 0 & 0 & 0 & 0 & 7.235 \times 10^8 \end{array}$$

$$(4\text{-}1)$$

式中，u 为整体坐标系方向的平动位移（m）；θ 为绕整体坐标系的转角（rad）；F 为整体坐标系方向的力（N）；M 为绕整体坐标系的力矩（$N \cdot m$）。

4.2.2 塔底极端荷载特性

1. 整体坐标系统与风向

整体坐标系统如图 4-7 所示，x 和 y 轴分别指向正北和正西方向，z 轴竖直向上，坐标原点位于平均水平面。算例中假设风电机组的轴向为正北向（x 轴正向），假设风浪同向，在 90°偏航的时候风浪方向从西指向东（$-y$ 轴方向）。

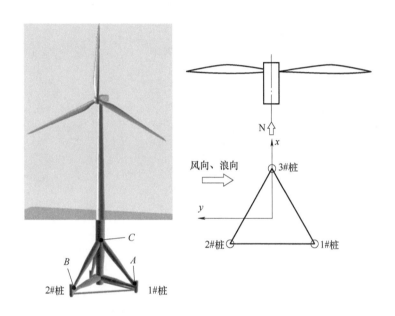

图 4-7 风、浪方向和结构整体布置

2. 支撑结构模态分析

对"风电机组-支撑结构-地基基础"进行模态分析，得到其前 5 阶频率和振型如图 4-8所示，其中 1、2 阶振型为以桩顶为支点的沿 x 和 y 方向的摇摆，3、4 阶振型为以塔顶为支点的沿 x 和 y 方向的摇摆，5 阶振型为绕塔架垂直轴的扭转。

3. 塔底荷载时间序列

选取 IEC61400-3 的极端环境条件工况 6.2a 进行一体化分析，该工况为电网失效条件下的非正常停机（Park）工况，考虑 90°偏航角。采用湍流风模型和随机波浪模型基于环境荷载重现期 50 年的风浪组合进行 10min 仿真分析，计算步长取 0.05s。

一体化仿真得到塔架底部 6 个自由度方向的荷载时间序列如图 4-9 和图 4-10 所示。在 $-y$ 方向风和波浪作用下，塔架底部最大推力和力矩分别为 F_y 和 M_x；垂直于主风向的

水平荷载 F_x 和绕 Y 轴的力矩 M_y 及绕塔架扭矩 M_z 的值较小；垂向荷载 F_z 主要是上部风电机组和塔架的自重，该荷载幅度随时间变化较小。从塔底荷载时程中提取的极限荷载值见表4-3。

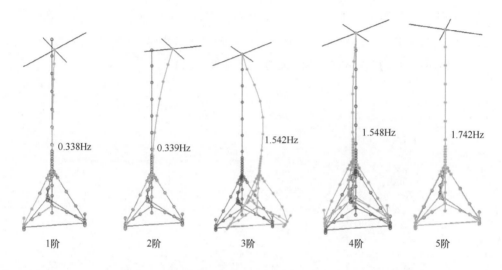

图 4-8　风电机组支撑结构振型

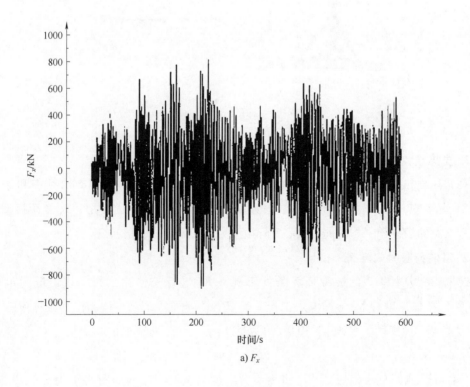

时间/s

a) F_x

图 4-9　塔底力时程

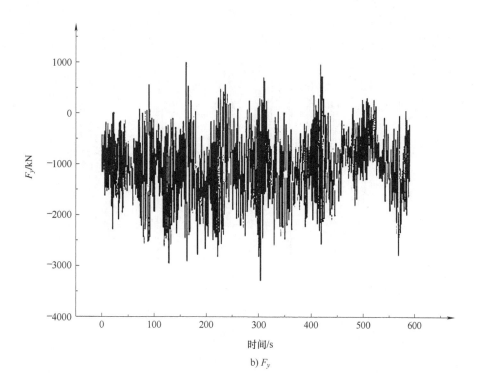

b) F_y

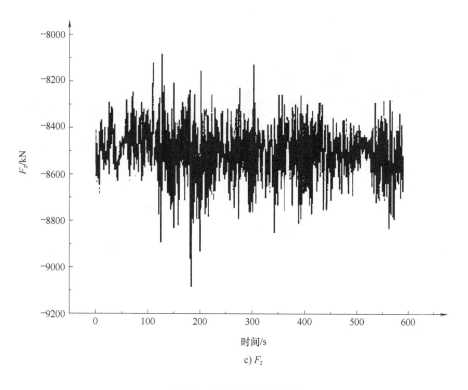

c) F_z

图 4-9 塔底力时程（续）

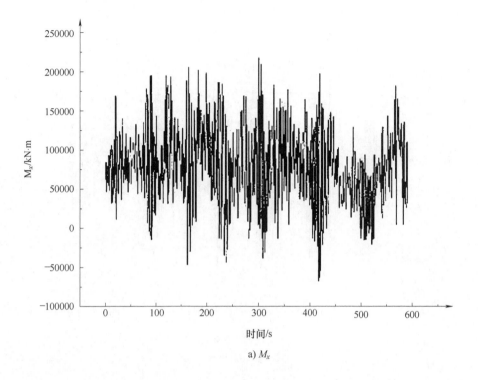

a) M_x

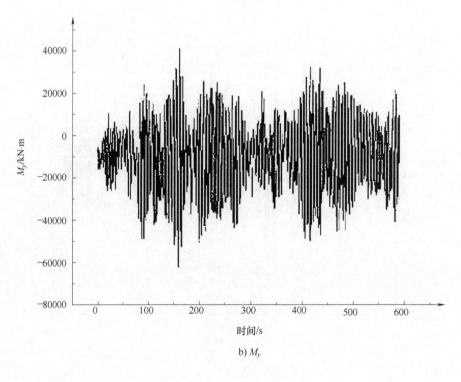

b) M_y

图 4-10 塔底力矩时程

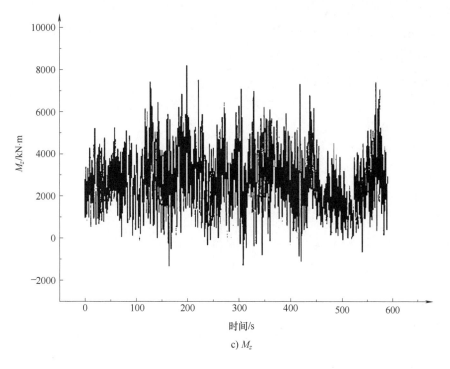

c) M_z

图 4-10 塔底力矩时程（续）

表 4-3 塔底极限荷载值

荷 载	最 大 值	最 小 值
F_x/kN	813	-904
F_y/kN	1009	-3270
F_z/kN	-8094	-9080
$M_x/kN \cdot m$	216557	-67954
$M_y/kN \cdot m$	41279	-61958
$M_z/kN \cdot m$	8570	-1350

4. 风-浪耦合对塔底荷载影响的分析

塔底荷载主要由风荷载引起，塔底 M_x 与风速的关系如图4-11所示，图中显示 M_x 与风速具有较明显的相关性。

风电机组-塔架-地基基础作为一个整体耦合的动力学系统，作用在下部结构的波浪会对塔底荷载产生影响。为了分析这种影响，分别对风荷载单独作用、风和波浪荷载的整体耦合、风与波浪荷载单独作用的线性叠加三种工况进行分析，得到塔底 M_x 时间序列如图4-12~图4-14所示，各种工况下 M_x 最大值见表4-4，风荷载、风-浪荷载耦合和风-浪荷载线性叠加三种情况下塔底 M_x 最大值分别为 237550kN・m、216557kN・m 和 245206kN・m，计算结果表明：考虑风荷载、浪荷载整体耦合得到的塔底荷载小于风荷载和浪荷载单独作用产生塔底荷载的线性叠加值，耦合作用值的降低幅度为 11.8%；风荷载、浪荷载整体耦合的塔底荷载小于单独风荷载引起的塔底荷载，降低幅度为 9.2%。上述分析结果表明，在一体化设计中考虑风荷载和波浪荷载的整体耦合作用可降低风荷载产生的塔底荷载。

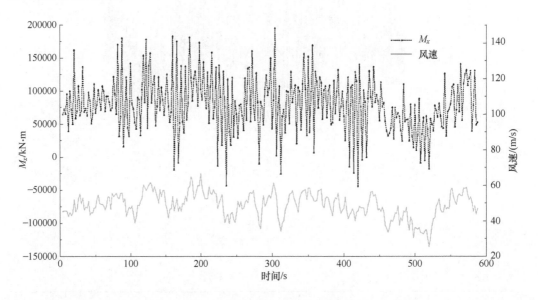

图 4-11　风速与塔底荷载的关系

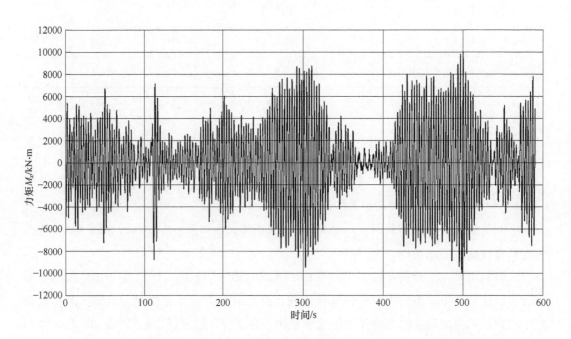

图 4-12　波浪荷载作用的下塔底力矩

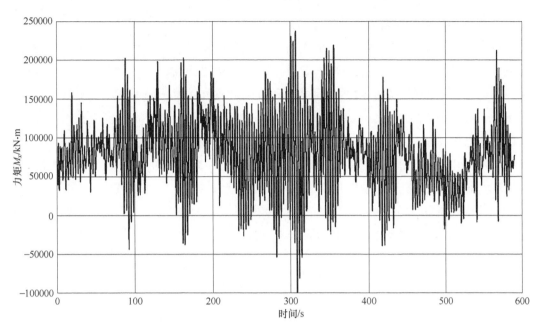

图 4-13　风荷载作用下的塔底力矩

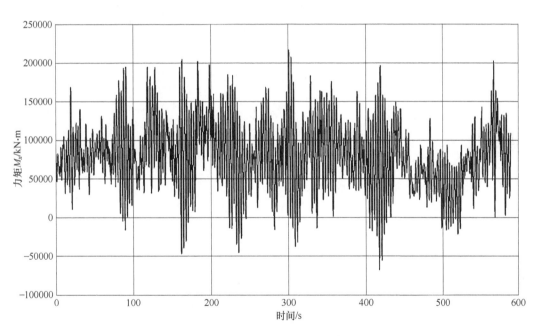

图 4-14　风、浪荷载耦合作用下的塔底力矩

表 4-4　不同风-浪荷载组合方式下的塔底荷载 M_x　（单位：$10^4 \mathrm{kN \cdot m}$）

组合方式	风荷载单独作用 A	风-浪荷载耦合 B	风-浪荷载线性叠加 C	（A－B）/A	（C－B）/C
M_x	23.8	21.6	24.5	9.2%	11.8%

5. 风电机组偏航对塔底荷载影响的分析

极端环境条件停机工况下叶片桨距角锁定在迎风面积最小的状态，机舱偏航角的变化使风轮和机舱处于不同的迎风状态，从而对支撑结构荷载产生较大影响。海上风电机组一体化设计中需要根据偏航类型、电网和备用电源可靠性、风浪环境、支撑结构布置等条件，对一定范围内的偏航角进行计算以获得最大荷载。对于风电机组在极端环境初期即遭遇电网失电，且备用电源有效维持时间小于 6h 的情况，需要在 ±180° 偏航范围内进行计算。图 4-15 给出了本算例 7 种不同偏航角度下的塔底 M_x 的最大值。计算结果表明，极端环境条件停机工况下，偏航角 0°（正向对风）时塔底 M_x 最小，其值为 101000kN·m，M_x 总体上随偏航角的增加而增加，在 75° 偏航角时达到最大值 260000kN·m，偏航角继续增加后荷载减小，在 90° 偏航角时 M_x 为 216557kN·m。

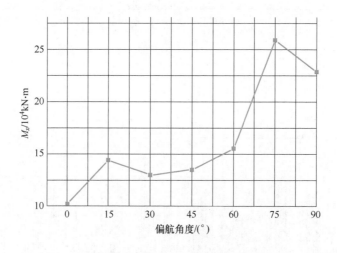

图 4-15 塔底力矩 M_x 与机舱偏航角关系

6. 地基刚度对塔底荷载影响的分析

在风电机组-支撑结构-地基基础动力结构系统中，系统自振特性会对结构动力响应产生较大影响。地基对支撑结构约束程度会影响系统自振频率，从而对荷载产生影响。受到海洋环境和岩土工程复杂性的影响，与陆地岩土工程相比，海洋岩土参数具有更大的变异性，而为避免系统频率与风轮转动产生共振，风电机组允许的系统一阶频率范围通常较窄，因此在一体化设计中需要进行岩土工程参数变化对频率和荷载影响的敏感性分析。当地基刚度为式（4-1）所给 K_{eq} 的 0.5、0.75、1.0、1.25 和 1.5 倍时，计算得到的系统一阶自振频率随地基刚度的变化如图 4-16 所示，计算结果显示系统频率随着基础刚度的增加而增加，基础刚度在 ±50% 范围内变化的过程中，系统一阶频率由 0.335Hz 增加到 0.340Hz。塔底最大倾覆力矩 M_x 随基础刚度变化如图 4-17 所示，在本算例中并未出现 M_x 随基础刚度单调变化的趋势，当基础刚度为初始刚度的 1.25 倍时出现 252000kN·m 的最大 M_x，相对于基准刚度 K_{eq} 的荷载 216557kN·m 增加了 16.7%，表明基础刚度变化对塔底荷载会产生比较敏感的影响。

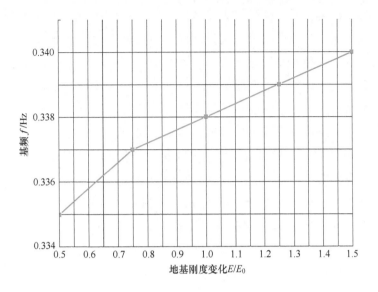

图 4-16 支撑结构基频与地基刚度变化关系

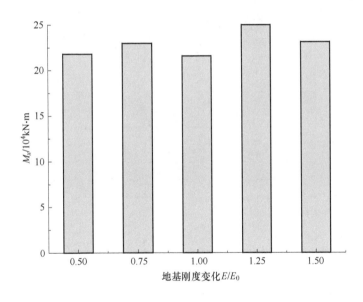

图 4-17 塔底 M_x 与地基刚度变化关系

7. 结构阻尼比 ξ 对塔底荷载影响的分析

结构阻尼比 ξ 是影响结构动力响应的重要参数。GB 50009—2012《建筑结构荷载规范》中对建筑钢结构第 1 振型阻尼比的推荐取值范围为 $0.01 \sim 0.02$[45]；我国海洋石油平台设计规范对海上固定式钢结构平台给出的阻尼比范围为 $0.02 \sim 0.05$[46]；GL 和 DNV 规范对于采用导管架基础的风电机组支撑结构推荐的阻尼比为 0.01[11]。在缺少实测数据的条件下，目前我国海上风电一体化设计分析中 ξ 通常取 0.005。结构阻尼主要受到结构材料、结构体型等影响。海上风电机组支撑结构由上部塔架和下部结构组成，除单桩以外的其他常见下部结构类型的风电机组支撑结构体系通常表现为上部相对柔性的塔架结构支撑在相对刚度较大的下部结构上，这种结构体型与常规建筑钢结构、海洋平台导管架结构存在较大差异，这种差异可能导致海上风电支撑结构的阻尼比 ξ 与建筑钢结构和海洋钢结构平台存在较大差别。由于海上环境条件复杂、背景噪声影响较大，目前关于海上风电机组支撑结构阻尼比 ξ 原位测试的成果很少。某海上风电场开展了两台采用单桩基础的风电机组支撑结构阻尼比 ξ 的测试，实测得到的 ξ 范围为 0.0046 ~ 0.0109，平均值为 0.0083。文献 [47] 利用目前陆上主流风电机组塔架的实测数据，基于振幅衰减速率计算阻尼比，得到实测阻尼比的范围为 0.001 ~ 0.003。

为了分析结构阻尼比对塔底荷载的影响，分别采用 0.003、0.005、0.01、0.02 和 0.05 五种阻尼比 ξ 对算例 6.2a 工况进行了荷载仿真，得到塔架 M_x 最大值随 ξ 变化的关系，如图 4-18 所示。计算结果显示，ξ 在 0.01 ~ 0.05 范围内变化时相应的 M_x 为 $(19.3 ~ 19.9) \times 10^4 \mathrm{kN \cdot m}$，$\xi$ 变化对塔底荷载的影响不敏感。当 $\xi < 0.01$ 时，其变化对塔底荷载非常敏感，ξ 由 0.01 降低到 0.003 的过程中，M_x 最大值由 $19.7 \times 10^4 \mathrm{kN \cdot m}$ 增加到 $24.4 \times 10^4 \mathrm{kN \cdot m}$。

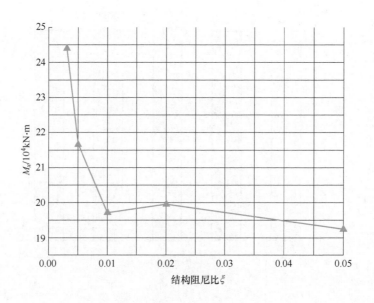

图 4-18　塔底 M_x 最大值与结构阻尼比 ξ 的关系

■ 4.3　一体化设计与分离式设计的对比分析

以 4.2 节的 5MW 风电机组支撑结构及三脚架桩基础为对象，对 IEC61400-3 6.2a 工况进行一体化设计和分离式设计的对比分析，首先对两种设计方法得到的桩顶轴力标准值和三脚架主要节点应力标准值进行了比较；然后考虑不同设计规范的荷载分项系数和材料抗力分项系数对桩顶轴力的影响，对一体化设计和分离式设计的桩顶轴力设计值进行了对比分析。

4.3.1　桩基轴力标准值对比分析

1. 一体化设计桩顶轴力标准值

风、浪方向和结构整体布置的关系如图4-7所示。一体化分析得到的1#～3#桩的桩顶轴力时间序列如图4-19所示，图中轴力正值表示拔力，负值表示压力。由于风和波浪方向为由西向东的 $-y$ 方向，1#和2#桩分别位于风浪荷载产生的最大力矩 M_x 作用平面的两端，因此这两根桩分别承受最大轴向压力和拔力，3#桩位于 M_x 作用平面内邻近中间的位置，M_x 在该桩上产生的轴向力最小，主要呈现受压状态。

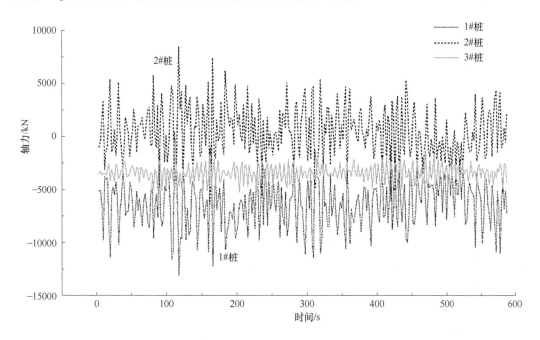

图 4-19　一体化设计中桩顶轴力时间序列

2. 分离式设计的轴顶轴力标准值

对下部三脚架结构和桩基础建立独立的分离式模型，将表4-3所列的塔底极限荷载施加到分离式基础模型的顶部，然后施加与一体化模型相同的波浪荷载参数进行静力分析。通过搜索不同波浪相位角对应的桩顶轴力提取最大压力和拔力值。同时从一体化设计得到图4-19的桩顶轴力时间序列中提取最大压力和拔力。两种设计方法得到的桩顶最大轴力标准值见表4-5，从表中可以发现两种方法得到的桩顶最大压力和拔力均分别出现在1#和2#桩。分离式设计得到2#桩顶最大拔力12913kN大于一体化设计的最大拔力9242kN，相对于一体化设计的增加幅度为39.7%。分离式设计得到1#桩顶最大压力 -15264 kN 也大于一体化设计的最大压力 -14572 kN，相对增大幅度为4.7%。导致这种差异的主要原因在于一体化设计中风和波浪等动荷载是通过时程分析进行耦合的，可以正确地反映风荷载、波浪荷载和其他动荷载的相位和幅值差对荷载组合的影响，而分离式设计直接采用上部风电机组的极限定常荷载值进行计算，无法正确考虑上部动荷载和波浪荷载的动态耦合，而是同时采用了风荷载和波浪荷载效应最大值的直接组合，导致结果偏大。

表 4-5　桩顶最大轴力标准值　　　　　　　　　（单位：kN）

桩　　号	1#桩		2#桩		3#桩	
极值	最小值	最大值	最小值	最大值	最小值	最大值
一体化设计	− 14572	1336	− 7623	9242	− 6320	− 755
分离式设计	− 15264	− 3054	1987	12913	− 1996	− 1518
增加幅度	4.7%	—	—	39.7%	—	—

4.3.2　下部结构应力标准值对比分析

选择图 4-7 所示的斜撑与桩腿套管及主圆筒连接处的三个关键节点 A、B 和 C 进行应力分析。根据一体化设计得到的节点内力时间序列计算轴力和弯矩组合下的节点轴向应力时程，提取其最大值。同时在分离式设计中通过搜索不同波浪相位角对应的节点轴向应力提取其最大值。两种设计方法得到的节点最大轴向应力见表 4-6，对比分析结果表明，分离式设计得到的三个节点应力均大于一体化设计的结果，相对于一体化设计的增大幅度在 4.3% ~30.9% 之间。导致这种差异的主要原因与轴顶轴力的差异分析相同，在于分离式设计同时采用了风荷载和波浪荷载效应最大值进行组合从而导致结果偏大。

表 4-6　节点应力对比　　　　　　　　　　（单位：MPa）

节　　　点	A 点	B 点	C 点
一体化设计	76.5	− 108.2	− 125.3
分离式设计	100.2	− 116.8	− 130.7
增大幅度	30.9%	7.9%	4.3%

4.3.3　桩顶轴力设计值对比分析

1. 一体化设计与分离式设计规范差异分析

4.3.1 和 4.3.2 的一体化设计和分离式设计对比分析是针对荷载效应标准值进行的，主要反映了这两种分析方法在力学方面的差异，并没有考虑相关设计规范的荷载效应系数和材料抗力系数的影响。下面对考虑设计规范相关系数后一体化设计和分离式设计结果的差异进行分析。

结构设计应满足荷载效应不大于抗力效应，即

$$\sum_i \gamma_{d,i} S_{k,i} \leqslant \frac{R_m}{\gamma_m} \qquad (4\text{-}2)$$

式中，$S_{k,i}$ 为荷载效应标准值；$\gamma_{d,i}$ 为荷载分项系数；R_m 为抗力效应标准值；γ_m 为抗力分项系数。

式（4-2）可以改写为以下形式：

$$S_G = \gamma_m \sum_i \gamma_{d,i} S_{k,i} \leqslant R_m \qquad (4\text{-}3)$$

式（4-3）中的 S_G 是一个综合考虑了荷载分项系数、结构抗力系数及荷载组合的等效荷载效应指标，对于同一个结构设计体系，S_G 数值越大表明其结构安全度越高，采用该指标可以评价不同规范的结构安全度差异。

目前海上风电机组支撑结构与地基基础一体化设计依据的规范主要为 IEC61400-3《Design requirements for offshore wind turbines》和 DNV GL-ST-0126《Support structures for wind turbines》。我国海上风电机组地基基础设计通常采用的分离式设计所依据的规范为中国能源行业标准 NB/T 10105—2018《海上风电场工程风电机组基础设计规范》。由于海上风电机组支撑结构设计的控制性荷载为环境荷载，本节仅对环境荷载进行分析。NB/T 10105 在荷载效应计算中考虑了环境荷载组合系数和结构重要性系数，据此将式（4-3）改写为

$$S_G = \gamma_m \gamma_0 \sum_i \varphi_{d,i} \gamma_{d,i} S_{d,i} \leqslant R_m \qquad (4\text{-}4)$$

式中，γ_0 为结构重要性系数，海上风电机组支撑结构取 1.10；$\varphi_{d,i}$ 为环境荷载组合系数，主导荷载取 1.0，非主导荷载取 0.7。

对于桩基承载力设计，IEC61400-3、DNV GL-ST-0126 和 NB/T10105 相关系数取值见表 4-7。

表 4-7　桩基础承载力计算相关规范系数

规　范	相　关　系　数			
	γ_m	$\gamma_{d,i}$	$\varphi_{d,i}$	γ_0
IEC 和 DNV（一体化设计）	1.25	1.10[①]、1.35	1.00	1.00
NB/T10105（分离式设计）	1.45~1.55	1.35	0.70、1.00	1.10

① 一体化设计工况 6.2a 为考虑电网故障的非正常极限工况，荷载分项系数取 1.1。

2. 桩基最大轴力等效值 S_G 对比分析

根据表 4-7 相关系数计算 1#和 2#桩最大压力和最大拔力等效值 S_G，其结果见表 4-8。

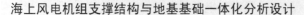
计算结果表明，考虑相应规范的荷载分项系数、抗力分项系数和组合系数等情况下，分离式设计的桩基轴向力等效值均高于一体化设计的结果，分离式设计最大拔力和压力等效值分别比一体化设计增大了 42.4% 和 17.7%。这表明考虑规范相关系数后，分离式设计的桩基础承载安全度要明显高于一体化设计的结果。

表 4-8　桩基最大轴力等效值 S_G 对比　　　　　　（单位：kN）

对　　比	1#桩最大压力	2#桩最大拔力
IEC 和 DNV（一体化设计）	− 20037	12708
NB/T10105（分离式设计）	− 23584	18098
增加幅度	17.7%	42.4%

■ 4.4　海冰冰激振动的一体化分析

4.4.1　冰激振动的冰力函数

海冰荷载对结构的作用包括静力和动力作用，动力作用导致结构在动冰力作用下产生振动。海冰荷载与结构的相互作用存在比较明显的耦合效应，不同的结构形式对海冰破坏模型和冰荷载大小有很大影响。冰激振动是影响冰区结构安全的重要因素。我国渤海、北黄海等冰区海上石油平台结构监测结果表明，海冰荷载持续作用引起的结构剧烈振动，严重影响海上平台的安全和正常生产作业，长期冰激振动引起的结构疲劳累积损伤是导致结构抗力衰减的重要因素。海冰荷载与结构物相互作用产生的荷载是交变动力作用，海上风电机组支撑结构作为高耸结构具有较大的柔性，这种柔性高耸结构会面临更复杂的冰激振动问题。由于风电机组安装高度较高，冰激振动在塔架顶部产生较明显的动力响应放大效应，导致机组产生过大的运动响应而促发停机，严重影响冰期风电场发电效益。冰激振动分析和抗冰设计是海冰区域海上风电机组支撑结构设计的重要环节。冰激振动与结构动力特性密切相关，且需要考虑风和海冰荷载的共同作用。海冰荷载在直立结构上产生的锁频冰激振动是对支撑结构危害最大的振动模式。冰区海上风电支撑结构常采用抗冰锥结构，在这种条件下海冰荷载在锥体结构上的弯曲破坏导致的冰激振动是支撑结构常遇的振动形式。本节采用一体化设计方法开展海上风电机组支撑结构冰激振动分析，首先介绍了直立结构锁频振动冰力函数和锥体结构弯曲破坏动冰力函数，然后通过算例对直立圆柱和抗冰锥两种结构开展锁频和弯曲破坏冰激振动分析，研究海冰和风荷载共同作用下风电机组的振动特性。

1. 直立结构的动冰力函数

（1）锁频冰激振动的条件　海冰在结构物前发生破碎时，海冰与结构之间产生静力和动力相互作用。海冰在直立结构物前的破坏模式为挤压破坏，此时冰力周期即为冰挤压破碎周期。大量的物理模型试验和现场观测表明，在一定条件下，直立结构物的自振特性对海冰破碎频率产生显著影响，这种情况下的冰激振动表现为海冰破碎的动冰力频率被"锁定"在结构自振频率上，使结构在海冰荷载作用下产生与结构自振频率相同的稳态的自激振动。这种现象称为"锁频冰激振动"。

产生锁频冰激振动的条件可以通过式（4-5）做出判断[10]：

$$I = \frac{U_{ice}}{t_{ice} f_n} > 0.30 \tag{4-5}$$

式中，U_{ice} 为海冰速度；t_{ice} 为海冰厚度；f_n 为结构一阶自振频率。

锁频冰激振动的条件也可通过式（4-6）所给的相互作用系数 I 进行判断[48]：

$$I = -\ln\left(\frac{K}{E_{ice} t_{ice}}\right) \cdot \ln\left(\frac{D f_n}{U_{ice}}\right) \cdot \frac{D}{t_{ice}} \tag{4-6}$$

式中，K 为结构刚度；E_{ice} 为海冰弹性模量；D 为结构物直径。

系数 I 包含了弹性控制因子、速率控制因子和几何尺寸控制因子，可以合理地反映冰与直立桩结构的相互作用水平。相关试验分析结果表明，当 I 处于 20~45 范围时，将产生锁频冰激振动。

（2）锁频冰激振动的冰力函数 锁频冰激振动的冰力函数可采用图 4-20 所示的锯齿状周期函数[10]，该冰力函数周期为结构自振周期 T_0，冰力函数最大值等于最大静冰压力 H_d，海冰产生初始破碎时的冰压力为 $0.2 H_d$。直立结构最大静冰力 H_d 可根据式（3-131）计算。

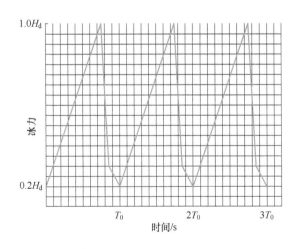

图 4-20 锁频冰激振动的冰力函数

2. 锥体结构的动冰力函数[32]

（1）弯曲破坏动冰力频率和冰排破裂长度 海冰在锥体结构斜面上产生弯曲破坏，动冰力的周期即为海冰发生弯曲破碎的周期。海冰在锥体结构前的破碎频率 f_{ice} 通常与结

构自振频率 f_n 不存在明显的相关性，其频率可以通过下式计算：

$$f_{\text{ice}} = \frac{U_{\text{ice}}}{L} \tag{4-7}$$

式中，L 为冰排断裂长度，可以根据式（4-8）计算：

$$L = 0.5\rho D \tag{4-8}$$

式中，D 为锥体在水线面的直径；ρ 为 $\gamma_f D^2 / \sigma_f t_{\text{ice}}$ 的函数，通过图 4-21 确定，其中 γ_f 为海水重力密度，σ_f 为海冰弯曲强度。

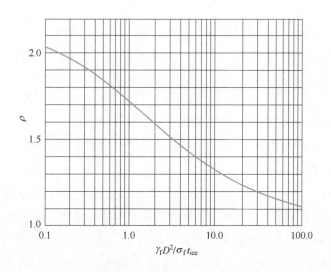

图 4-21 锥体结构海冰破碎参数 ρ 函数曲线

冰排断裂长度也可根据式（4-9）计算：

$$L = \left(\frac{0.5 E_{\text{ice}} t_{\text{ice}}^3}{12 \gamma_f (1 - \nu_{\text{ice}}^2)} \right)^{0.25} \tag{4-9}$$

式中，ν_{ice} 为海冰材料泊松系数。

（2）弯曲破坏动冰力函数 锥体结构的动冰力函数可以参考图 4-20 取用，此时图中的 T_0 和 H_d 分别采用破碎频率 f_{ice} 对应的周期和锥体最大弯曲静冰力代替。

动冰力函数也可根据式（4-10）确定[49]：

$$F(t) = \begin{cases} F_{\text{H}} \left(1 - \dfrac{t}{\tau} \right) & (0 \leqslant t < \tau) \\ 0 & (\tau \leqslant t < T_{\text{ice}}) \end{cases} \tag{4-10}$$

式中，F_{H} 为冰力幅值，取为锥体结构最大静冰力，其计算见式（3-132）和式（3-134）；T_{ice} 为冰力周期，可取为冰发生弯曲破碎的周期；τ 为冰与锥体的作用时间，我国渤海地区建议值为 $\dfrac{1}{3} T_{\text{ice}}$。

式（4-10）描述的冰力函数如图 4-22 所示。

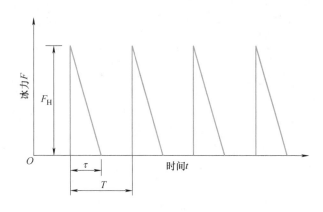

图 4-22 弯曲冰力时程

4.4.2 冰激振动算例分析

以 4.2 节的风电机组和三脚架桩基基础为例，分别对直立圆筒和抗冰锥两种结构开展锁频和弯曲破坏冰激振动分析，研究海冰和风荷载共同作用下风电机组的振动特性。

1. 风及海冰环境条件

海冰基本设计参数见表 4-9。

表 4-9 海冰基本设计参数

冰厚 t_{ice}/cm	冰速 U_{ice}/(m/s)	冰抗压强度 σ_c/MPa	冰弯曲强度 σ_f/MPa	冰弹性模量 E_{ice}/GPa	冰泊松比 ν_{ice}
40	0.4 ~ 1.3	2.01	0.638	2.0	0.3

取图 4-7 所示的风电机组及支撑结构为分析对象，假设海冰作用点位于平均水位 0.0 高程。计算工况为 15m/s 风速的正常发电情况下遭遇表 4-9 所示的海冰作用。风向和海冰作用方向为正北方向。风场采用三维 von Karman 湍流风模型，沿机组轴向的风速随时间变化如图 4-23 所示。

2. 直立圆筒支撑结构的锁频冰激振动分析

（1）冰力时程 假定海冰作用点位于平均水面 0.0m 高程，海冰撞击位置为直径 6.0m 的直立圆筒。冰速 $U_{ice} = 0.4 \sim 1.3$m/s，冰厚 $t_{ice} = 40$cm，支撑结构一阶自振频率 $f_n = 0.338$Hz，根据式（4-5）得到 $I = 2.96 \sim 9.62 > 0.30$，判断发生锁频冰激振动。根据图 4-20 可得到锁频冰力时程，如图 4-24 所示。

（2）冰激振动下机舱和塔架振动位移分析 直立结构在海冰荷载单独作用下（海冰荷载作用时段为 100 ~ 220s）机舱的纵向位移和塔架底部 x 向位移如图 4-25 和图 4-26 所示，机舱和塔架产生了稳态振动，结构振动频率与冰力频率和结构一阶自振频率相同，表示出了明显的"锁频振动"，机舱的最大纵向位移为 -0.42m。

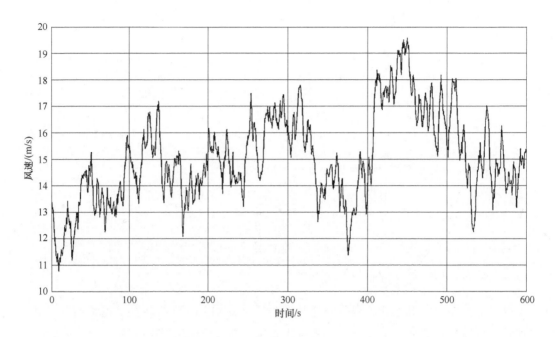

图 4-23　正常发电工况风速变化曲线（$v = 15\text{m/s}$）

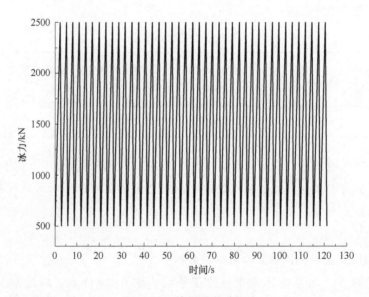

图 4-24　锁频冰力时程

（3）机舱振动加速度响应分析　分别对风荷载和海冰荷载单独作用、风荷载和海冰荷载共同作用进行了仿真，通过对风电机组机舱加速度响应的对比分析，研究风-海冰荷载耦合对结构响应的影响。

风荷载单独作用下机舱的纵向加速度如图 4-27 所示，湍流风作用下机舱振动主要表现为随机振动。风荷载单独作用下机舱的最大纵向加速度值为 0.31m/s^2。

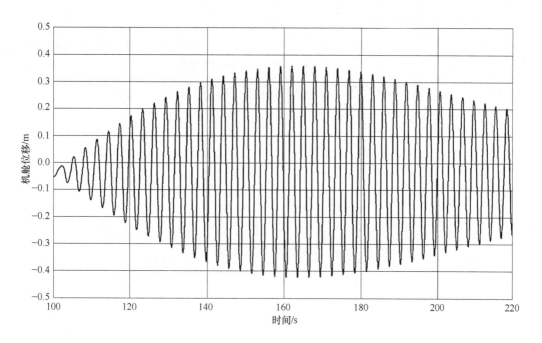

图 4-25 海冰荷载单独作用下机舱的纵向位移

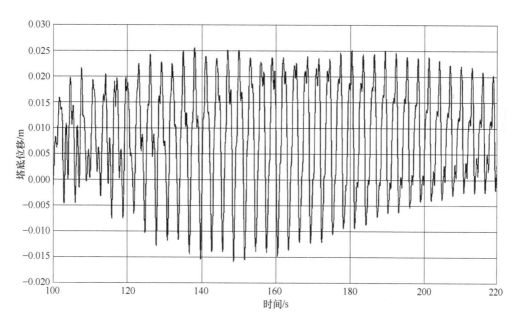

图 4-26 海冰荷载单独作用下塔架底部 x 向位移

　　根据图 4-27，风荷载作用下机舱的最大纵向加速度发生在 180s 时刻附近，为了使海冰荷载作用时段能覆盖风荷载极值响应时段，将冰力时程从 100s 开始施加，持续加载时间 120s。海冰荷载单独作用、风和海冰荷载共同作用下机舱的纵向加速度分别如图 4-28、图 4-29 所示：在海冰荷载单独作用下，机舱在冰力作用时段内产生了锁频稳态振动，机舱的最大纵向加速度为 1.80m/s^2，远大于风荷载单独作用下的最大纵向加速度 0.31m/s^2；风和海冰荷载共同作用下机舱的最大纵向加速度为 0.58m/s^2，明显低于海冰荷载单独作用下的最大纵向加速度 1.80m/s^2，显示风和海冰荷载的共同作用大幅削减了冰激振动的极值响应，主要原因是风荷载作用下风轮转动产生的气动阻尼发挥了减振作用。

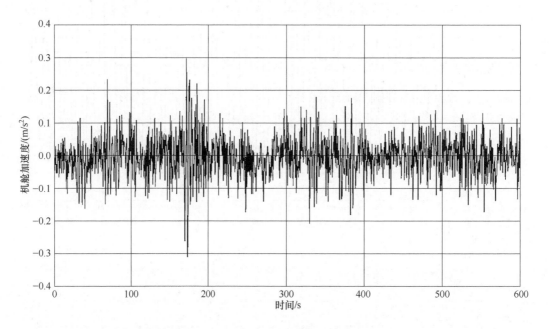

图 4-27　风荷载单独作用下机舱的纵向加速度

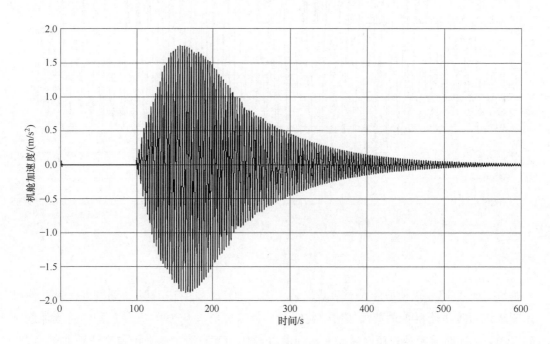

图 4-28　海冰荷载单独作用下机舱的纵向加速度

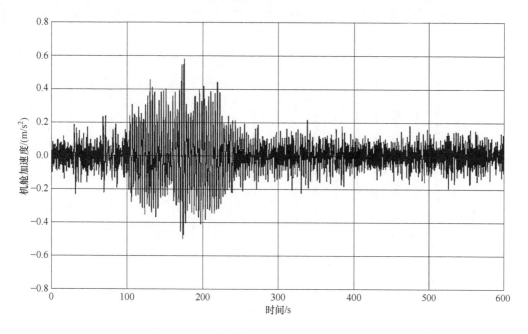

图4-29 风和海冰荷载共同作用下机舱的纵向加速度

3. 带抗冰锥支撑结构的冰激振动分析

（1）抗冰锥设计 由于海冰的抗压强度远高于抗弯强度，通过在支撑结构上设置锥体使得海冰在挤压结构物时沿着锥体斜面产生弯曲破坏，改变了海冰在直立结构上的挤压破坏，从而达到降低海冰荷载的作用。抗冰锥是海洋结构工程中最常用的抗冰结构形式。抗冰锥的设置高程和锥体高度应可以涵盖海冰在冰期随潮位涨落的范围。海冰荷载降低程度随冰锥角度（锥面与水平面夹角）的增加而减小，工程设计中冰锥角的取值通常不大于70°。根据本算例潮位变化情况，设置了一个60°冰锥角的抗冰锥结构如图4-30所示。

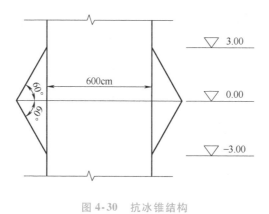

图4-30 抗冰锥结构

（2）冰激振动分析 由式（4-8）求得冰排破碎长度 $L = 7.00\text{m}$，取冰速 $U_{ice} = 1.3\text{m/s}$，

由式（4-7）得到冰力频率$f_{ice}=0.186\,\mathrm{Hz}$。根据式（4-10）得到作用在抗冰锥上的冰力函数如图 4-31 所示。

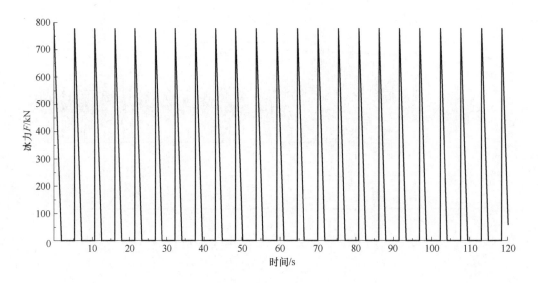

图 4-31 弯曲冰力时程

海冰荷载单独作用下机舱的纵向位移如图 4-32 所示。其最大位移 0.073m，远小于锁频冰力作用下的最大位移值 0.42m。

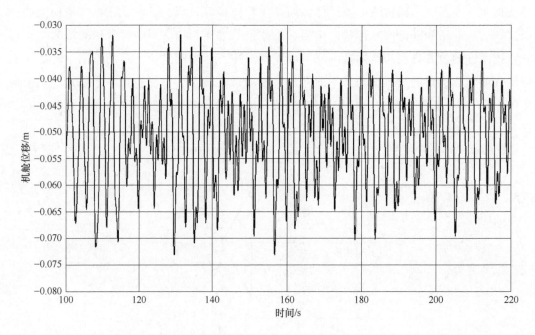

图 4-32 海冰荷载单独作用下机舱的纵向位移

海冰荷载单独作用、风与海冰荷载共同作用下机舱的纵向加速度分别如图 4-33 和图 4-34 所示。弯曲冰力单独作用下机舱的最大纵向加速度为 $0.29\mathrm{m/s^2}$，远小于直立结构的挤压破坏模式下机舱的最大纵向加速度 $1.80\mathrm{m/s^2}$，这表明设置抗冰锥结构能显著降低海上风电机组冰激振动效应。风和海冰荷载共同作用下机舱的最大纵向加速度值在设置抗冰锥前后分别为 $0.58\mathrm{m/s^2}$ 和 $0.42\mathrm{m/s^2}$。不同海冰破坏模式下，风和海冰荷载单独或共同作用下机舱的最大纵向加速度值汇总见表4-10。

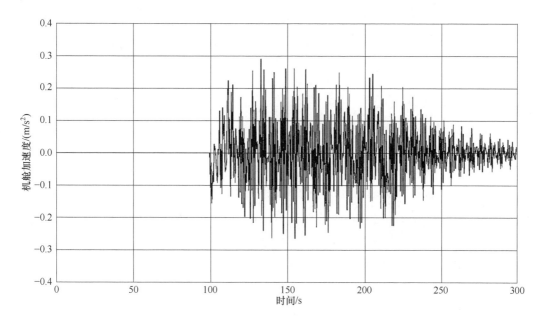

图 4-33　海冰荷载单独作用下机舱的纵向加速度

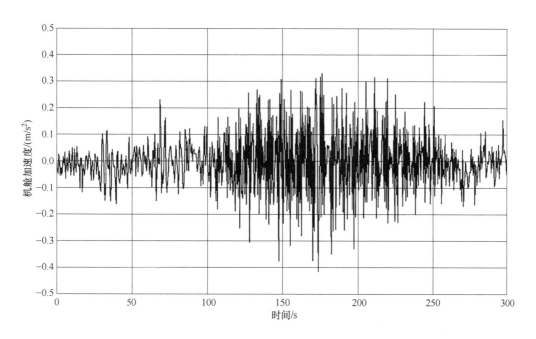

图 4-34　风与海冰荷载共同作用下机舱的纵向加速度

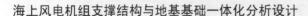

表 4-10 风与海冰荷载作用下机舱的最大纵向加速度汇总 （单位：m/s²）

作　　　用	直立结构（锁频冰力）	带抗冰锥结构（弯曲冰力）
风荷载单独作用	0.31	0.31
海冰荷载单独作用	1.80	0.29
风-海冰荷载共同作用	0.58	0.42

■ 4.5　正常发电工况一体化分析

　　风力发电机组正常发电工况指风轮旋转驱动发电机组发电，并接入电网的工况。根据国际电工协会海上风电机组设计要求 IEC 61400-3《Wind turbines　Part3：Design requirements for offshore wind turbines》，海上风电机组正常发电工况的风速范围为驱动风轮旋转的切入风速和切出风速，相应的海况为正常海况和恶劣海况。虽然正常发电工况不考虑极端环境条件，但是由于在该工况下风电机组的风轮处于旋转状态，风轮旋转的动态效应会对支撑结构产生影响。当前风电机组大多采用变速运行方式，在某些转速状态下当风轮旋转频率与支撑结构自振频率接近时会导致较明显的动力放大效应，甚至产生共振现象。因此正常发电工况的一体化分析需要分析和评估风轮旋转的动态效应对支撑结构动力响应的影响。另一方面，正常发电工况所对应的正常海况往往为周期较小的波浪，这种多遇波浪的周期更接近支撑结构的自振周期，这种条件下波浪荷载的动力放大效应会变得显著。风轮旋转和波浪动力效应是海上风电机组正常发电工况一体化分析中需要重点关注的两个问题。

4.5.1　风轮旋转动态效应对支撑结构的影响

　　风轮旋转对支撑结构的影响主要表现在两个方面，一方面是风轮转动的不平衡力矩导致支撑结构动力响应产生波动，另一方面，当风轮旋转频率与支撑结构自振频率接近时所导致的动力放大效应。

1. 风轮旋转导致支撑结构动力响应波动

　　以 4.2.1 节 5MW 风电机组和支撑结构为例，分析稳态风作用下风轮旋转所导致的支撑结构响应波动现象。该机组采用变速运行方式，其切入和切出风速范围为 4.5～25m/s，对应的风转速范围为 7.5r/min～13.8r/min，不同风速下对应的风轮转速如图 4-35所示。

　　采用 10m/s 风速的稳态风场对一体化模型进行 600s 时长正常发电工况仿真分析。根据图 4-35，该风速下风轮旋转速度为 13.8r/m，相应的旋转周期和频率分别为 4.3s 和 0.23Hz。仿真分析得到的塔架底部沿主风向的力矩和位移时程曲线分别如图 4-36～图 4-39

所示。图 4-36 和图 4-38 显示，力矩和位移呈现出一种稳态振动现象。为了分析这种振动特性，提取 300~320s 时段的力矩和位移时程，分别如图 4-37 和图 4-39 所示。图中显示塔底沿主风向的力矩和位移稳态振动的周期均为 4.3s，该振动周期等于风轮旋转周期，这表明在仅有稳态风作用的情况下，支撑结构的这种稳态振动是由风轮旋转引起的受迫振动，这种振动导致了结构响应的波动。

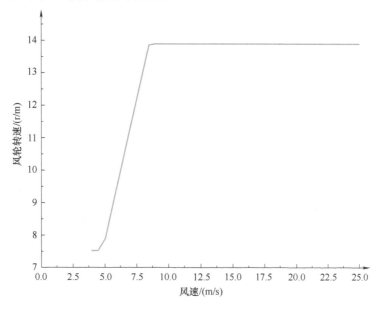

图 4-35　风速与风轮转速的关系

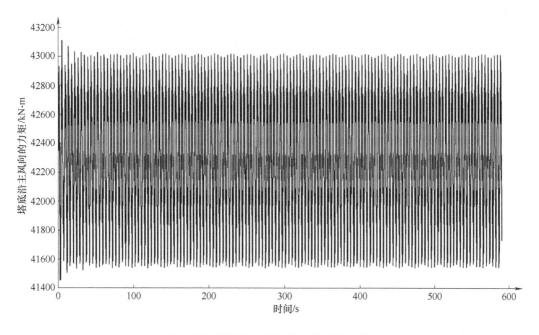

图 4-36　塔底沿主风向的力矩时程曲线

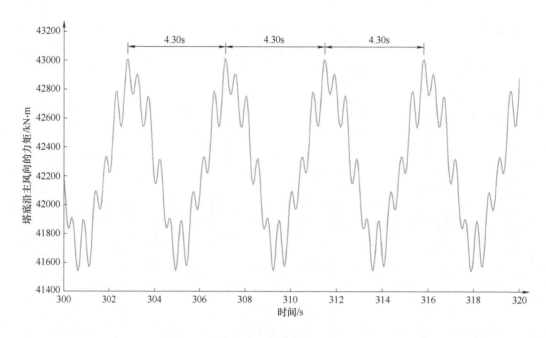

图 4-37　塔底沿主风向的力矩局部时程曲线

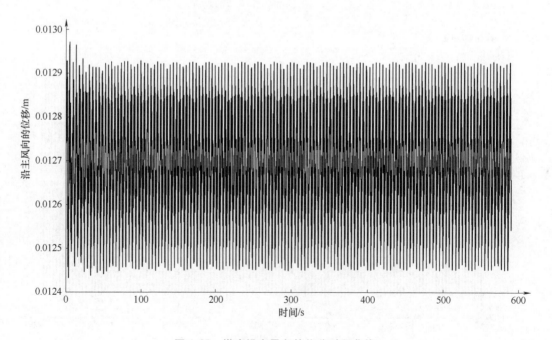

图 4-38　塔底沿主风向的位移时程曲线

2. 风轮旋转与支撑结构自振特性的耦合

上述分析表明，在正常发电工况下风轮旋转是导致支撑结构振动的重要激振源。下面通过改变支撑结构的自振特性来分析风轮旋转与支撑结构自振特性的耦合效应。将支撑结构一阶自振频率依次调整为 0.338Hz、0.292Hz 和 0.241Hz，对 10m/s 稳态风进行正常发电工况仿真，得到支撑结构不同自振频率对应的塔底沿主风向的力矩和位移时间序列如图 4-40 和图 4-41 所示。计算结果表明，在相同的风速和风轮转速下，塔底沿主风向的力矩和位移随支撑结构一阶自振频率的变化而产生较大改变。图 4-42 和图 4-43 分别给出了塔底沿主风向的力矩和位移均值和幅值随支撑结构频率变化的情况。当支撑结构频率由 0.338Hz 降低到 0.241Hz 时，塔底沿主风向的力矩均值和幅值分别由 42220kN·m 和 1464kN·m 增加到 43220kN·m 和 5373kN·m，增加幅度分别为 2% 和 267%；塔底沿主风向的位移均值和幅值分别由 12.6mm 和 0.5mm 增加到 23.4mm 和 3.0mm，增加幅度分别为 86% 和 500%。计算结果显示，当支撑结构一阶自振频率趋近于风轮旋转频率时，结构响应均出现增大现象。虽然塔底沿主风向的力矩的均值仅轻微增加了 2%，但其幅值增加了 267%。而塔底沿主风向的位移均值和幅值均出现大幅度增加，尤其是位移幅值增加了 5 倍。结构响应幅值的大幅度增加不仅加大了响应的极值，更重要的是会导致疲劳荷载大幅度增加。由于目前大型风电机组都采用变速运行方式，机组运行时风轮旋转具有较宽的激振频率范围，而地基基础边界条件的复杂性会导致支撑结构频率计算结果具有一定的不确定性，从而增加了该问题的复杂性。上述分析表明，对于风电机组正常发电工况，需要通过一体化手段分析和评估风轮旋转与结构自振特性耦合所导致的动力放大甚至是共振效应。

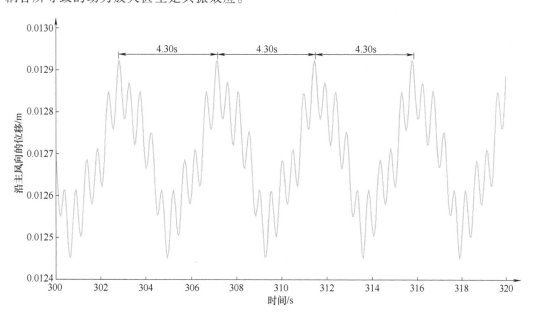

图 4-39　塔底沿主风向的位移局部时程曲线

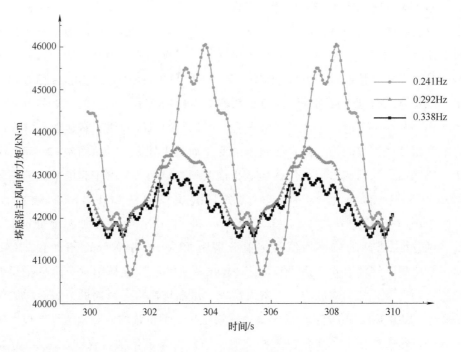

图 4-40　不同支撑结构自振频率对应的塔底沿主风向的力矩时程曲线

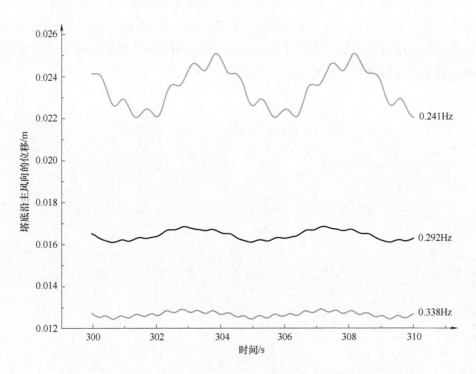

图 4-41　不同支撑结构自振频率对应的塔底沿主风向的位移时程曲线

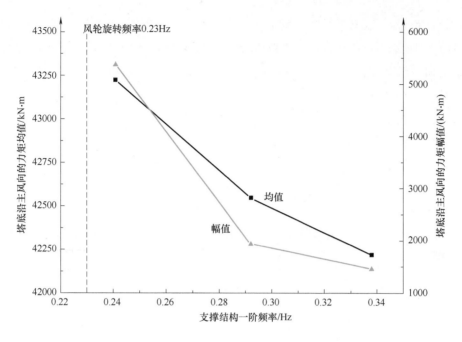

图 4-42　支撑结构不同自振频率对应的塔底沿主风向的力矩均值和幅值

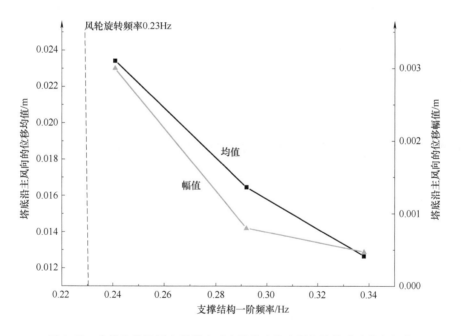

图 4-43　支撑结构不同自振频率对应的塔底沿主风向的位移均值和幅值

4.5.2　正常海况波浪条件下的波浪动力效应

4.2.1 节 5MW 风电机组和支撑结构整体系统的一阶自振频率为 0.338Hz，相应的周期为 2.95s。海上风电机组正常运行工况下主要考虑正常海况条件，这种海况条件下的波浪高度和周期都比较小，相对于极限环境条件下的最大设计波浪，其周期更接近于支撑结构自振周期，波浪荷载对支撑结构的动力效应会变得更加显著。为了分析这种影响，对波高为2m，波周期分别为4s、3.5s、3.0s和2.5s四种波况采用规则波模型进行一体化分析。

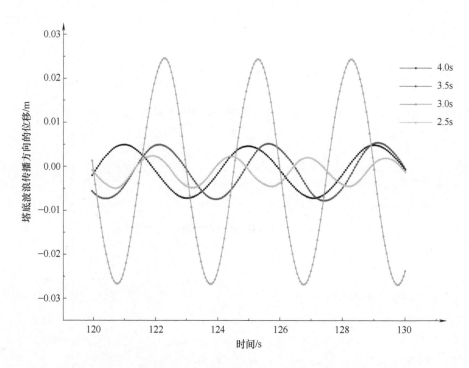

图 4-44　不同周期波浪作用下的塔底波浪传播方向的位移时程

不同波浪周期对应的塔底波浪传播方向的位移时程如图 4-44 所示，图中显示在相同波高的情况下，当波浪周期趋近于结构一阶自振周期时，最大位移响应陡然增大。图 4-45 给出了位移响应幅值随波浪周期变化的情况。当波浪周期为 3.0s 时接近结构一阶自振周期 2.95s，此时最大位移幅值为 49mm，比波浪周期 4.0s 时最大位移幅值 9.4mm 增加了 421%，显示出非常明显的动力放大效应。

4.5.3　正常发电工况下风浪耦合分析

将支撑结构一阶自振频率调整为 0.241Hz，取波高 2.0m，波周为 4.0s，风速为 10m/s，此时风轮旋转周期和频率分别为 4.3s 和 0.23Hz。这种环境条件下，波浪周期和风轮旋转周期均接近于结构一阶自振周期，风轮旋转和波浪同时与支撑结构产生较明显的耦合作用。基于该环境条件进行正常发电工况仿真。

根据 600s 仿真分析结果，提取 320～330s 典型时间结果进行分析。风浪耦合和风浪效应线性叠加这两种组合下塔底沿风浪方向的水平位移和最大桩顶压力分别如图 4-46 和图 4-47 所示。风浪耦合的最大位移为 31mm，风浪效应线性叠加的最大位移为 25mm，考虑耦合后最大位移增加了 24%。风浪耦合的桩顶最大压力为 −5071kN，风浪效应线性叠加的最大压力为 −4927kN，考虑耦合后最大轴力增加了 3%。

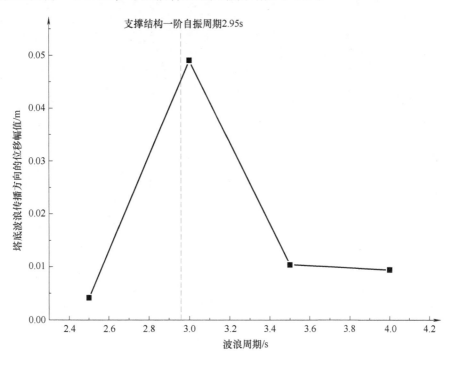

图 4-45　不同波浪周期对应的塔底波浪传播方向的位移幅值

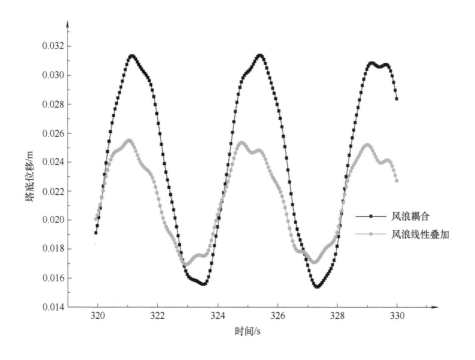

图 4-46　风浪耦合与线性叠加的塔底位移对比

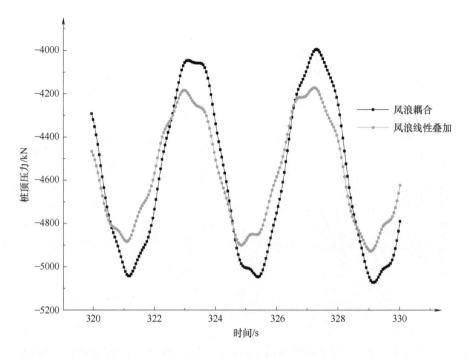

图 4-47　风浪耦合与线性叠加的桩顶压力对比

■ 4.6　地震工况一体化分析

以 4.2.1 节 5MW 风电机组和支撑结构为例，对一体化分析中地震作用、地震与风浪耦合等进行分析。

4.6.1　地震工况塔底荷载

算例场地的地震设防烈度为 8 度，场地特征周期 0.55s，根据《建筑抗震设计规范》（GB 50011—2010），设计基本地震加速度为 0.30g，多遇和罕遇水平地震影响系数最大值分别为 0.24 和 1.20。地震加速度反应谱按《建筑抗震设计规范》取用，地震工况仿真中所采用的地震加速度时程如图 4-48 所示。

假设地震从 305s 开始作用，持续作用时间为 20s。地震作用下塔底沿地震方向的力矩时程如图 4-49 所示，在 8 度多遇、8 度罕遇和 9 度罕遇地震作用下塔底最大力矩分别为 40193kN·m、155568kN·m 和 198726kN·m。根据第 4 章表 4-3，极端风速条件下塔底极限力矩为 216557kN·m。根据我国《建筑抗震设计规范》，多遇、设防和罕遇地震的 50 年超越概率分别为 63%、10% 和 2%～3%。上述计算结果显示，8 度多遇地震下塔架底部极限荷载远小于 50 年重现期风速下的塔底极限荷载，即使是在 9 度罕遇地震作用下，塔架底部极限荷载仍小于极端风速条件下的塔底力矩。因此对于海上风电支撑结构这种受风面积较大、自重相对较轻的高耸结构，地震荷载通常不会成为控制性极端环境荷载，但是在设计中应考虑正常发电与多遇地震组合导致的机组及支撑结构动力响应。

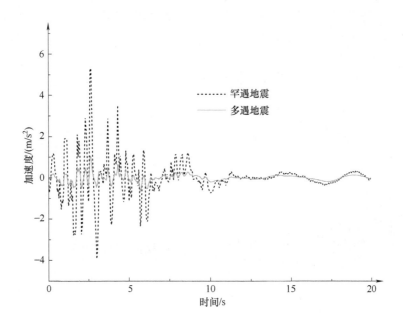

图4-48 地震加速度时程曲线

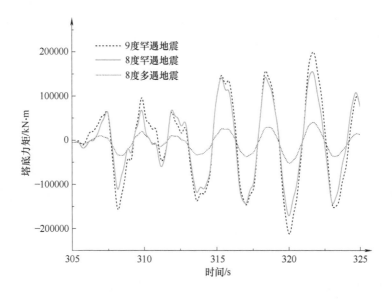

图4-49 地震作用下塔底力矩时程曲线

4.6.2　地震与风浪耦合分析

1. 机舱振动加速度

图 4-50、图 4-51 和图 4-52 分别给出了 8 度多遇地震单独作用、10m/s 风和 2m 波高共同作用、地震和风浪共同作用的机舱纵向加速度时程,这三种工况对应的最大加速度值分别为 1.2m/s²、0.07m/s² 和 0.9m/s²,计算结果显示,风浪的耦合作用降低了地震引起的机舱加速度,降低幅度为 25%。

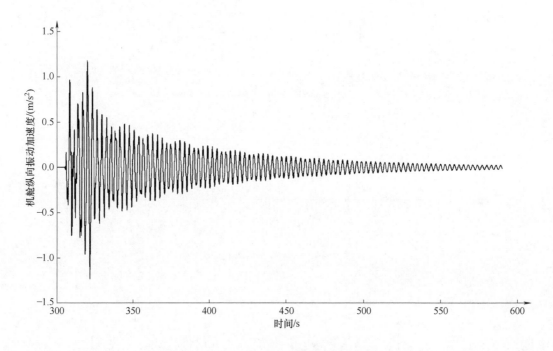

图 4-50　地震作用下机舱纵向加速度时程曲线

2. 塔底力矩

图 4-53 和图 4-54 分别给出了地震单独作用、风浪单独作用、地震和风浪耦合及线性叠加情况下的塔底力矩时程。计算结果表明,地震与风浪耦合分析得到的塔底荷载明显小于地震和风浪单独作用的线性叠加,耦合和线性叠加对应的最大力矩分别为 63547kN·m 和 89264kN·m,考虑耦合作用后塔底最大力矩降低了 28.8%。

3. 桩顶轴力

图 4-55 和图 4-56 分别为风浪和地震单独作用、风浪和地震耦合及线性叠加情况下轴向受压桩基的轴力时程,风浪和地震耦合及线性叠加对应的桩顶最大压力分别为 −6517kN·m 和 −6702kN·m,考虑耦合作用后桩顶最大压力降低了 2.8%。

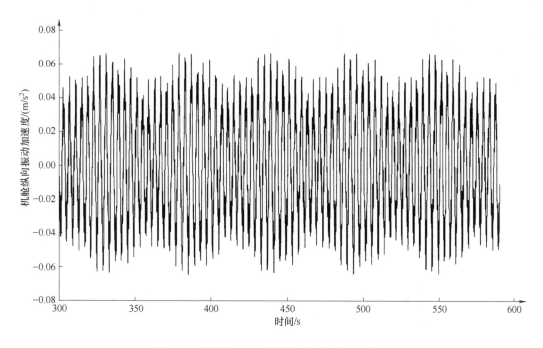

图 4-51　风浪作用下机舱纵向加速度时程曲线

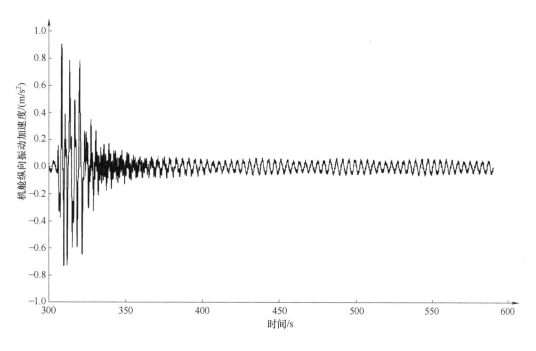

图 4-52　地震和风浪耦合作用下机舱纵向加速度时程曲线

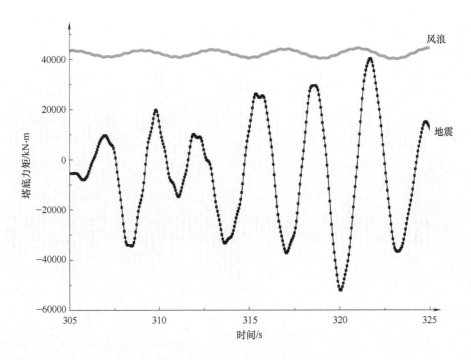

图 4-53 地震和风浪单独作用下塔底力矩时程曲线

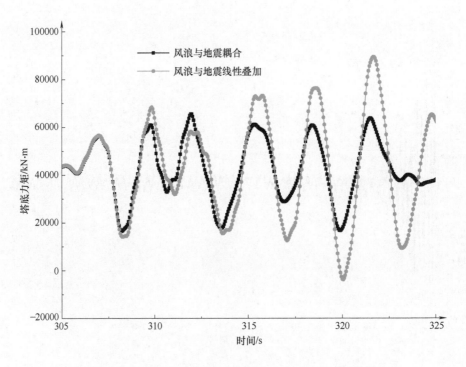

图 4-54 地震和风浪耦合及线性叠加的塔底力矩时程曲线

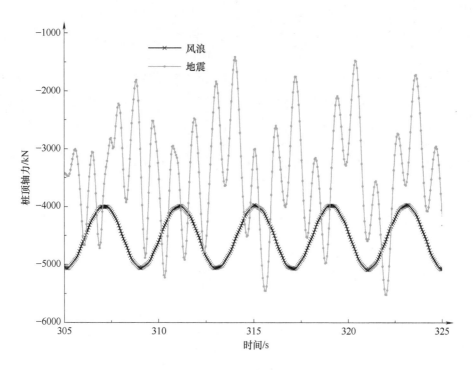

图 4-55 地震和风浪单独作用下桩顶轴力时程曲线

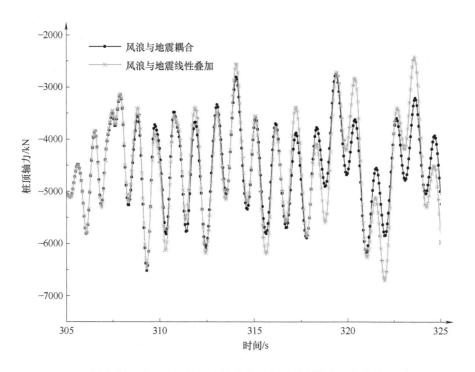

图 4-56 地震和风浪耦合及线性叠加的桩顶轴力时程曲线

第5章 一体化设计疲劳损伤分析

■ 5.1 海上风电机组支撑结构疲劳损伤的基本概念

5.1.1 海上风电机组支撑结构疲劳损伤分析的特点

结构疲劳损伤是指结构在交变荷载作用下强度降低的现象。当结构承受交变应力循环次数累积到一定数量的时候，在应力水平低于材料拉伸强度极限时结构会产生疲劳破坏。疲劳损伤包括裂纹形成和扩展两个阶段，可分为疲劳成核期、微观裂纹增长期、宏观裂纹扩展期和瞬间断裂四个过程。与静力破坏机理不同，疲劳破坏的交变应力低于材料的拉伸强度极限，材料疲劳表现为脆性破坏，疲劳破坏断口在宏观和微观上具有明显特征。疲劳交变荷载分为确定性荷载或随机荷载两类。根据交变荷载循环次数的不同可分为低周疲劳和高周疲劳，当荷载循环次数大于 $10^4 \sim 10^5$ 时为高周疲劳。海洋工程结构疲劳损伤分析方法根据荷载效应计算方法可以分为谱分析和时域分析，根据材料抗力效应计算方法可分为基于疲劳试验的疲劳分析（S-N 曲线法）和基于断裂力学的疲劳分析。

结构疲劳损伤与交变荷载特性和结构特性密切相关。疲劳损伤通常随交变荷载循环应力幅和循环次数的增加而增加。结构构件连接部位由于存在应力集中或焊缝初始缺陷，是最容易产生疲劳损伤破坏的部位。海上风电机组支撑结构的交变荷载特性和结构布置特性往往会导致比较严重的疲劳损伤问题：支撑结构不仅承受风、波浪、海冰等环境荷载，而且承受风轮转动、机组振动、机组停启、控制伺服系统等作用，这些荷载都具有明显的交变特性。海上风电机组及其支撑结构在服役年限期间可承受高达 10^7 的交变荷载循环次数；随着海上风电由近海往深远海发展，其支撑结构形式越趋复杂。深海区域常用的导管架基础结构具有大量的管节点，这些管节点都是疲劳损伤较严重的区域；支撑结构刚度随水深增加而降低，导致波浪荷载动力效应更加显著，从而加剧了结构的疲劳损伤。

海上风电机组支撑结构疲劳损伤由上部荷载及下部波浪、海冰等交变荷载共同作用所导致，因此其疲劳损伤分析涉及如何处理多种荷载或损伤组合的问题。如前所述由于当前海上风电设计中常用的分离式设计方法无法实现上部和下部荷载的正确组合，需要采用一体化设计方法开展疲劳损伤分析。

5.1.2 结构疲劳损伤分析方法

1. 谱分析方法

谱分析方法是一种考虑交变荷载随机特性，用统计方法描述疲劳环境条件的方法。下面以波浪荷载为例阐述该方法的基本原理。

海洋结构在波浪输入 $\eta(t)$ 的作用下产生交变应力 $X(t)$ 的过程可以表达如下：

$$X(t) = L[\eta(t)] \tag{5-1}$$

式中，L 为转换算子。

可通过传递函数 $T(\omega)$ 计算随机波浪产生的结构应力。$T(\omega)$ 由短期海况下不同频率成分的单位波高所产生的应力幅组成。根据 $T(\omega)$ 和波浪谱 $S(\omega)$ 可以按下式计算各种海况下的结构应力幅谱 $\sigma(\omega)$：

$$\sigma(\omega) = |T(\omega)|^2 S(\omega) \tag{5-2}$$

假设海洋平台结构为线性系统，且波浪和结构交变应力为窄带平稳的随机过程，对于这样的随机过程可采用 Rayleigh 分布进行分析。根据结构应力幅谱 $\sigma(\omega)$ 和波浪长期概率分布及 $S\text{-}N$ 曲线计算结构疲劳损伤。谱分析基本流程如图 5-1 所示。

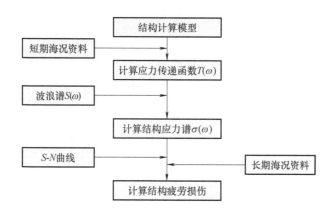

图 5-1　疲劳损伤谱分析基本流程

2. 时域分析方法

时域分析方法是根据交变荷载时间序列进行结构动力时程分析得到疲劳部位的应力时间序列，然后对应力时间序列进行统计分析得到应力幅 $\Delta\sigma_i$ 和相应循环次数 N_i，最后根据 $S\text{-}N$ 曲线计算疲劳损伤。疲劳时域分析方法的基本流程如图 5-2 所示。谱分析假设海洋平台结构为线性系统，且难以实现多种交变荷载耦合下的疲劳分析，而时域分析作为一种通用的疲劳分析方法可以求解复杂非线性系统在多种交变荷载共同作用下的疲劳损伤。

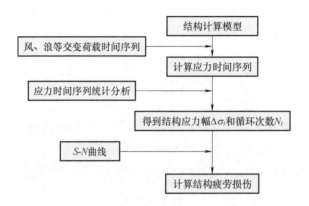

图 5-2　疲劳时域分析方法的基本流程

5. 1. 3　多种交变荷载共同作用的疲劳损伤

根据线性累积损伤理论，对于非同时作用的多种交变荷载导致的疲劳损伤可以通过对各交变荷载单独作用下的疲劳损伤求和得到。但是由于 S-N 曲线的应力幅和疲劳破坏循环次数不是线性关系，对于多种交变荷载同时共同作用下的损伤计算，不应采用单个交变荷载单独作用的疲劳损伤的简单叠加，而应该根据多种荷载共同作用下的热点应力进行疲劳分析。

海上风电支撑结构的主要交变荷载是风荷载和波浪荷载，在海冰区域还包括冰激振动荷载。由于海上风电设计分工和责任的不同，风电机组和塔架设计由风电机组厂家承担，下部支撑结构和地基基础设计由风电场设计单位负责，这种状况导致难以采用风、波浪、海冰等荷载共同作用下的一体化设计进行疲劳分析。在这种情况下对于下部支撑结构和地基基础的疲劳分析通常采用以下的简化处理方法。

1. 损伤直接叠加法

直接叠加法采用对风致疲劳损伤 D_{wind} 和波浪疲劳损伤 D_{wave} 进行相关组合来计算总损伤值 D_t，组合方式包括"直接相加组合""平方和方根组合"和"考虑 S-N 曲线斜率影响的组合"三种，分别如式（5-3）~式（5-5）所示：

$$D_t = D_{wind} + D_{wave} \tag{5-3}$$

$$D_t = \sqrt{D_{wind}^2 + D_{wave}^2} \tag{5-4}$$

$$D_t = (D_{wind}^{m/2} + D_{wave}^{m/2})^{m/2} \tag{5-5}$$

2. 等效应力法

等效应力法的基本原理是首先分别计算风、浪等交变荷载的损伤，对于每一种损伤基于损伤等效的原则计算与给定参考循环次数 N_{ref} 对应的等效应力幅 $\Delta\sigma_{i,eq}$，然后采用合适的方式将风和波浪荷载的等效应力幅 $\Delta\sigma_{i,eq}$ 组合得到总等效应力幅 $\Delta\sigma_{wind+wave,eq}$，最后根据总等效应力幅和 $S\text{-}N$ 曲线计算总损伤。采用等效应力法开展海上风电机组支撑结构疲劳分析时，风电机组厂家根据风电机组寿命期的参考循环次数 N_{ref} 提供塔架底部的等效疲劳荷载，下部结构设计单位采用该等效疲劳荷载计算风荷载等效热点应力 $\Delta\sigma_{wind}$，然后基于同样原理计算波浪荷载作用下的等效热点应力 $\Delta\sigma_{wave}$，通过"直接相加组合"或"平方和根组合"等方式计算风和波浪荷载共同作用下的等效热点应力 $\Delta\sigma_t$，并根据 $S\text{-}N$ 曲线计算等效的损伤失效循环次数 N_{eq}，最后计算风荷载、波浪荷载导致的总疲劳损伤 $D_t = N_{ref}/N_{eq}$。等效应力法的基本流程如图5-3所示。由于风和波浪荷载的交变特性存在较大差异，如何合理确定风和波浪荷载共同作用下参考循环次数 N_{ref} 是等效应力法的关键。

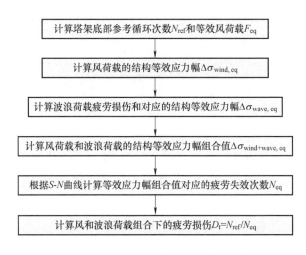

图5-3　疲劳损伤等效应力法基本流程

5.1.4　海上风电机组支撑结构一体化设计疲劳损伤分析流程

海上风电机组支撑结构一体化设计疲劳损伤分析采用时程疲劳分析方法对"风电机组-支撑结构-地基基础"一体化设计模型开展计算，其分析流程如图5-4所示，主要分析过程如下：

（1）疲劳分析工况的确定　IEC61400-3所定义的疲劳分析工况主要由疲劳环境条件、风电机组状态和外部电网状态三部分组成。根据机组运行状态可分为正常发电（DCL1）、发电和故障（DCL2）、启动（DCL3）、正常关机（DCL4）、停机（DCL6）、停机和故障状态（DCL7）、安装及检修状态（DCL8）七种疲劳工况，对每种工况分别定义了相关的风、波浪、海流、水位和外部电网条件。疲劳分析采用正常湍流风模型和波浪谱模型，并考虑风和波浪荷载的联合概率分布。

（2）一体化设计动力时程仿真分析　根据疲劳分析工况所确定的环境荷载时程施加

到一体化设计模型中进行动力时程分析，得到支撑结构各部位的内力和名义应力（Nominal Stress）时间序列。

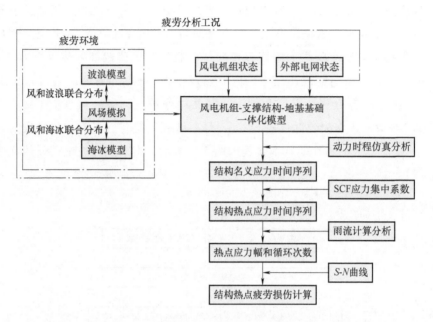

图 5-4　一体化设计疲劳损伤分析基本流程

（3）热点应力（Hot Spot Stress）计算　根据结构疲劳分析部位的几何特性和受力特性计算应力集中系数 SCF（Stress Concentration Factor），考虑 SCF 影响将名义应力时间序列转换为热点应力时间序列。

（4）应力幅和循环次数的统计　采用雨流计数法（Rain flow counting method）对热点应力时间序列进行统计分析，将随机变化的热点应力时间序列转换为该疲劳工况的等幅疲劳应力幅和相应的循环次数。

（5）疲劳工况损伤计算　根据结构特性选择合适的 S-N 曲线，基于疲劳应力幅和循环次数进行疲劳损伤计算，完成一个疲劳工况的损伤分析。

（6）总疲劳损伤计算　对设计寿命期内的所有疲劳分析工况根据（2）~（5）步进行计算后累计得到结构总的疲劳损伤。

■ 5.2　热点应力计算

结构体系中撑管与弦杆的连接点称为管节点。简单管节点是指主要撑杆无搭接，不设置节点板、隔板或加强筋的节点。简单管节点如图 5-5 所示。

管节点焊趾处由于几何连接、结构厚度、材料等方面的差异导致应力集中成为高应力区，同时往往存在初始疲劳裂缝，这些区域在长期交变荷载作用下容易产生疲劳损伤破坏。管节点的疲劳设计主要对焊趾等"热点"区域进行分析。热点应力计算是疲劳分析的重要环节。热点应力可以通过杆端名义应力乘以应力集中系数 SCF 进行计算。海上风电机组支撑结构一体化疲劳分析采用时程分析方法进行疲劳设计，因此在求得热点应力时间序列后需要进行循环应力幅值和循环次数计算。

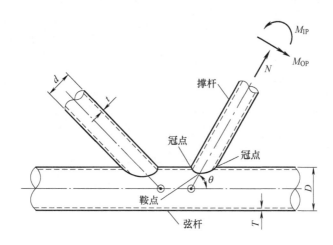

图 5-5 简单管节点

5.2.1 简单管节点分类

根据节点撑杆的轴力可以将节点分为 K 形、T/Y 形、X 形节点。当撑杆轴力可以被位于节点同一平面内的同一侧其他撑杆所平衡时，该节点为 K 形节点。撑杆轴力被弦杆剪力平衡时为 T 和 Y 形节点。当撑杆轴力通过弦杆传递到另外一侧撑杆时为 X 形节点。节点分类的实质是把给定撑杆的轴向力分解成 K、T/Y、X 三个分作用力。这种划分一般考虑节点处同一平面内的所有构件，通常把相互相差 15° 的撑杆平面认为是一个共用平面。该分类可以是以上三种节点类型的组合。根据撑杆轴力与节点相邻共面的其他杆件受力情况，一个节点可以是多种节点类型的组合。简单管节点分类实例如图 5-6 所示。

5.2.2 应力集中系数 SCF

管节点应力集中系数 SCF 定义为热点应力 σ_{hot} 与名义应力 σ_{nom} 的比值，见式（5-6）。名义应力不考虑焊缝的几何不连续及焊缝缺陷所导致的应力集中，根据杆端荷载、截面几何特性和材料参数进行计算。管节点疲劳损伤分析主要考虑由轴力、面内和面外弯矩引起的轴向应力。

$$SCF = \frac{\sigma_{hot}}{\sigma_{nom}} \tag{5-6}$$

在试验和理论分析的基础上，相关设计规范给出了不同条件下管节点应力集中系数的计算方法[50][51]。本书采用 DNV-RP-C203 规范推荐的 Efthymiou 方法，该方法根据节点位置、热点位置、荷载类型和节点分类给出了 SCF 计算公式，将该应力集中系数表示为 $SCF_{i,j,k,m}$，4 个下标含义为：i 表示节点位置（撑杆或弦杆侧）；j 表示热点位置（焊缝的冠点或鞍点）；k 表示荷载类型（轴力、平面内外弯矩）；m 表示节点类型。

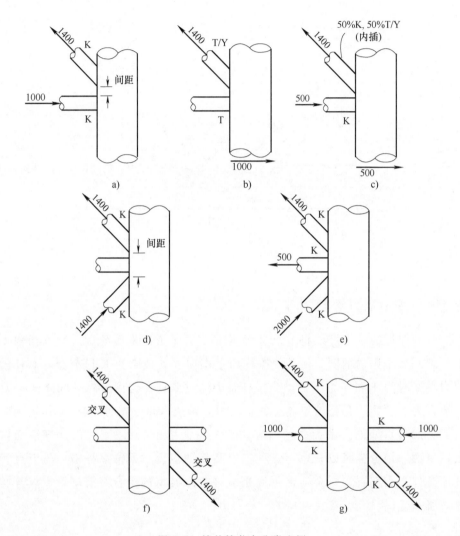

图 5-6　简单管节点分类实例

5.2.3　热点应力时间序列

热点应力可以通过将名义应力乘以 SCF 的方法计算，或者通过对节点部位开展精细化有限元分析得到。在工程设计中主要采用 SCF 方法。需要指出的是，DNV-RP-C203 中所给的 SCF 仅反映了焊缝几何性状引起的热点区域应力集中现象，忽略了焊缝形状、裂纹及缺口等因素所引起的局部应力集中，后者的影响在相应的 S-N 曲线中体现。

采用 SCF 方法计算热点应力时首先计算焊趾冠点和鞍点处应力，然后根据冠点和鞍点轴向应力的线性插值和弯曲应力的正弦函数变化推算其他位置的热点应力，计算见式（5-7）：

$$\sigma(\theta) = (\text{SCF}_{ac}\cos^2\theta + \text{SCF}_{as}\sin^2\theta)\sigma_a + \text{SCF}_{bs}\sin\theta\sigma_s + \text{SCF}_{bc}\cos\theta\sigma_c \tag{5-7}$$

式中，σ_a、σ_c 和 σ_s 分别为撑杆名义轴向应力、冠点和鞍点名义弯曲应力；SCF_{ac} 和 SCF_{as} 分别为撑杆或弦杆在冠点和鞍点的轴向应力集中系数；SCF_{bc} 和 SCF_{bs} 分别为撑杆或弦杆在冠点和鞍点的弯曲应力集中系数；θ 为热点应力部位的圆心角，冠点处为 0° 和 180°，鞍点处为 90° 和 270°。

工程设计中通常对管节点相贯线一周均分的 8 个点进行热点应力计算，如图 5-7 所示，计算公式见式（5-8）～式（5-15）：

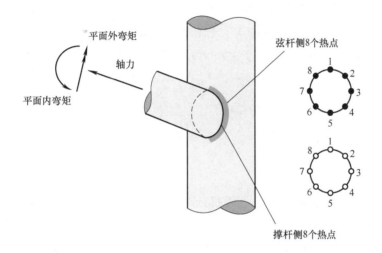

图 5-7　热点应力位置

$$\sigma_{1i} = \sum_{m = \text{T/Y,X,K}} \left(\text{SCF}_{i,j=\text{Crown},k=N,m}\sigma_x + \text{SCF}_{i,j=\text{Crown},k=\text{MIP},m}\sigma_y \right) P_m\% \tag{5-8}$$

$$\sigma_{2i} = \sum_{m = \text{T/Y,X,K}} \left[\text{SCF}_{i,j=\text{Ave},k=N,m}\sigma_x + \frac{\sqrt{2}}{2}\text{SCF}_{i,j=\text{Crown},k=\text{MIP},m}\sigma_y - \right.$$
$$\left. \frac{\sqrt{2}}{2}\text{SCF}_{i,j=\text{Saddle},k=\text{MOP},m}\sigma_z \right] P_m\% \tag{5-9}$$

$$\sigma_{3i} = \sum_{m = \text{T/Y,X,K}} \left(\text{SCF}_{i,j=\text{Saddle},k=N,m}\sigma_x - \text{SCF}_{i,j=\text{Saddle},k=\text{MOP},m}\sigma_z \right) P_m\% \tag{5-10}$$

$$\sigma_{4i} = \sum_{m = \text{T/Y,X,K}} \left[\text{SCF}_{i,j=\text{Ave},k=N,m}\sigma_x - \frac{\sqrt{2}}{2}\text{SCF}_{i,j=\text{Crown},k=\text{MIP},m}\sigma_y - \right.$$
$$\left. \frac{\sqrt{2}}{2}\text{SCF}_{i,j=\text{Saddle},k=\text{MOP},m}\sigma_z \right] P_m\% \tag{5-11}$$

$$\sigma_{5i} = \sum_{m = \text{T/Y,X,K}} \left(\text{SCF}_{i,j=\text{Crown},k=N,m}\sigma_x - \text{SCF}_{i,j=\text{Crown},k=\text{MIP},m}\sigma_y \right) P_m\% \tag{5-12}$$

$$\sigma_{6i} = \sum_{m=\mathrm{T/Y,X,K}} \Big[\mathrm{SCF}_{i,j=\mathrm{Ave},k=\mathrm{N},m}\sigma_x - \frac{\sqrt{2}}{2}\mathrm{SCF}_{i,j=\mathrm{Crown},k=\mathrm{MIP},m}\sigma_y +$$

$$\frac{\sqrt{2}}{2}\mathrm{SCF}_{i,j=\mathrm{Saddle},k=\mathrm{MOP},m}\sigma_z \Big] P_m\% \tag{5-13}$$

$$\sigma_{7i} = \sum_{m=\mathrm{T/Y,X,K}} \Big(\mathrm{SCF}_{i,j=\mathrm{Saddle},k=\mathrm{N},m}\sigma_x + \mathrm{SCF}_{i,j=\mathrm{Saddle},k=\mathrm{MOP},m}\sigma_z \Big) P_m\% \tag{5-14}$$

$$\sigma_{8i} = \sum_{m=\mathrm{T/Y,X,K}} \Big[\mathrm{SCF}_{i,j=\mathrm{Ave},k=\mathrm{N},m}\sigma_x + \frac{\sqrt{2}}{2}\mathrm{SCF}_{i,j=\mathrm{Crown},k=\mathrm{MIP},m}\sigma_y +$$

$$\frac{\sqrt{2}}{2}\mathrm{SCF}_{i,j=\mathrm{Saddle},k=\mathrm{MOP},m}\sigma_z \Big] P_m\% \tag{5-15}$$

式中，下角标 i 表示弦杆侧或撑杆侧；下角标 j = Crown 表示冠点；下角标 j = Saddle 表示鞍点；下角标 j = Ave 表示冠点和鞍点的平均值；下角标 k = N 表示轴向应力；下角标 k = MIP 表示平面内弯曲应力；下角标 k = MOP 表示平面外弯曲应力；下角标 m 表示管节点类型；P_m 表示该种管节点所占比例；σ_x、σ_y、σ_z 分别表示撑杆名义轴向应力和平面内、平面外弯曲应力。

5.2.4　热点应力时间序列的雨流计数分析

1. 雨流计数法

管节点热点应力时程通常是一个随机分布的过程，需要进行循环计数处理，以获取循环应力幅值和相应的循环次数来提供给 S- N 曲线进行疲劳分析。常用的循环计数法包括峰值计数法、幅度计数法和雨流计数法（Rain brown counting），由于雨流计数法具有在应力-应变滞后循环的范围内合理考虑应力或应变的交变特性等优点，在风电机组荷载仿真中普遍采用该方法进行疲劳荷载统计。

该方法的基本流程是把应力时程曲线垂直旋转 90°，将时间轴设置为向下的垂直轴，假设一股雨流从时程曲线的顶部往下流动，根据相应的规则进行统计分析，因此称为雨流计数法。下面以图 5-8 所示的应力时程雨流为例，阐述雨流计数法的基本流程[52]。

图 5-8 中的实线为热点应力时程，虚线为雨流，处理顺序如下：

1）雨流分别从起点和依次从每个峰值的内侧边开始，如图中的 1、2 等尖点和虚线所示。波形的左半部为内侧边，右半部为外侧边。

2）雨点在下一个峰值落下，直到对面有一个比开始时的峰值更大的峰值为止，即比开始时的最大值更大的点或比最小值更小的点为止。

3）当雨流遇到来自上顶流下的另一个雨时，该雨流停止。

4）按以上过程取出所有的全循环，并记下各自的变程。

5）再按正、负斜率取出所有半循环，并记下各自的变程。

6）把取出的半循环按修正的"变程对"计数法配成全循环。

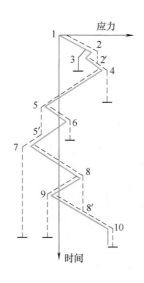

图 5-8　雨流计数法示例

雨流计数的统计过程如下：雨点从 1 点开始，该点认为是最小值。它沿着内侧边延续至 2 点落下，并且从那里落到 3 与 4 点幅值间的 2′点，然后到 4 点落下，最后终止在比 1 点更小的峰值 5 的对应处。取出一个从 1 到 2、2′，再到 4 的半循环；下一个雨流是在峰值 2 的内侧边开始并且通过 3 点，而在 4 点处终止，4 点是比开始的最大值 2 点更大的一点。取出半循环 2-3；第三个雨流从 3 点内侧边开始，因为遇到从上面 2 点滴下的雨流而在 2′点终止，取出半循环 3-2′；因为 3-2′和 2-3 形成一个闭合的回路，它们可配成一个完全的循环 2-3-2′；1-4 计为半个循环；下一个雨流在峰值 4 点的内侧边开始，而且通过 5 点继续下落到 6 和 7 点之间的 5′点，然后到 7 点，从那里垂直下落到峰值 10 点的对应处，峰值 10 点是比开始的最大值点 4 更大的点。取出半循环 4-5-5′-7；再下面雨流开始从峰值 5 的内侧边流动到 6 点，在对应 7 点处终止，因为最小值 7 点比 5 点更小。取出半循环 5-6；雨流从下一个峰值 6 点的内侧边开始到 5′点终止，该点是上面 5 点的雨流与线 6-7 相交的地方。半循环 6-5′与 5-6 配成一个全循环 5-6-5′，取出 5-6-5′；下一个峰值是 7 点，雨流从该点开始由内侧边经过 8 点，下落到线 9-10 上的 8′点，然后到最后的峰值 10 点。于是幅值 7-8-8′-10 计为半循环。取出半循环 7-8-8′-10；雨流从 8 点的内侧边开始继续到 9 点，然后一直下降到 10 点对应处，该点比 8 点更大。取出半循环 8-9，并与最后的半循环 9-8′配对，得循环 8-9-8′，它是雨滴从 9 点流到 8′点遇到来自上面 8 点的雨流得到的。由此，图 5-8 所示的应力时程包括了三个全循环：2-3-2′、5-6-5′和 8-9-8′；三个半循环：1-2-2′-4、4-5-5′-7 和 7-8-8′-10。

2. 雨流计数法算例

对图 5-9 所示的一个弯矩时程进行雨流计数统计，得到弯矩幅值和相应的循环次数，如图 5-10 所示。

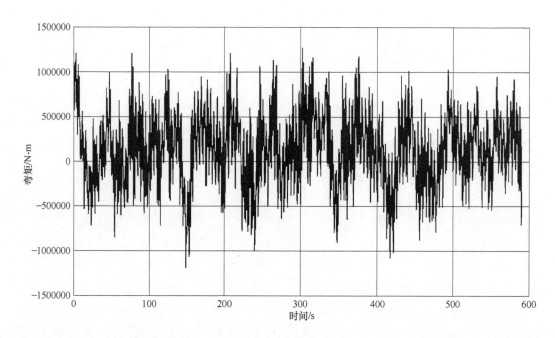

图 5-9　弯矩时程

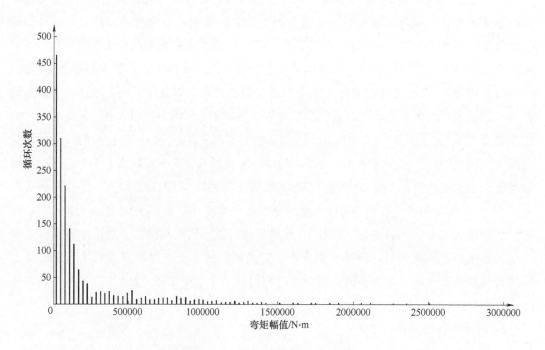

图 5-10　弯矩幅值与循环次数

5.3　结构疲劳损伤计算

5.3.1　Palmgren-Miner 疲劳损伤准则

当前工程设计中应用最广泛的疲劳累积损伤理论是基于 Palmgren-Miner 准则的线性累积损伤理论。Palmgren-Miner 准则是根据功能原理推导出的累积损伤计算公式，该理论假设构件在 m 级荷载（σ_1，σ_2，$\cdots$，σ_m）作用下被破坏，各级荷载循环次数分别为 n_1，n_2，$\cdots$，n_m，即构件经过多次循环后被破坏。基于该准则可以根据 S-N 曲线进行疲劳损伤计算。S-N 曲线是表示结构在应力幅值 S 循环作用下产生疲劳损伤破坏所能承受的最小循环次数 N。当应力幅的长期分布由适当数量的常幅应力组块 $\Delta\sigma_i$ 和与每个常幅应力组块相应的循环次数 n_i 构成的时候，Palmgren-Miner 疲劳损伤采用下式计算：

$$D = \sum_{i=1}^{s} \frac{n_i}{N_i} = \frac{1}{a}\sum_{i=1}^{s} n_i\left(\Delta\sigma_i\right)^m \leqslant \eta \tag{5-16}$$

式中，D 为累积疲劳损伤；a 为 S-N 曲线在 $\lg N$ 轴上的截距；m 为 S-N 曲线斜率的负倒数；s 为应力组块的数量；n_i 为应力组块 $\Delta\sigma_i$ 对应的循环次数；N_i 为常应力幅 $\Delta\sigma_i$ 作用下的疲劳失效循环次数；η 为疲劳损伤的允许值。

5.3.2　S-N 曲线

通过疲劳试验给出了不同节点类型、不同环境条件下的 S-N 曲线。DNV-RP-C203 推荐的 S-N 曲线为

$$\lg N = \lg a - m\lg\left[\Delta\sigma\left(\frac{t}{t_{\mathrm{ref}}}\right)^k\right] \tag{5-17}$$

式中，$\Delta\sigma$ 为常幅应力；N 为 $\Delta\sigma$ 作用下疲劳失效的循环次数；m 为 S-N 曲线斜率的负倒数；a 为 S-N 曲线在 $\lg N$ 轴上的截距；t_{ref} 为参考厚度，非管状节点焊接连接取 25mm，管节点取 32mm；t 为最可能发生裂纹的厚度，当厚度小于参考厚度时取 $t = t_{\mathrm{ref}}$；k 为厚度指数。

DNV-RP-C203 给出了管节点在大气和阴极保护海水环境条件下的 S-N 曲线相关参数见表 5-1 和图 5-11。

表 5-1　管节点 S-N 曲线参数（DNV-RP-C203）

参　　数	$\lg a(N \leqslant 10^7, m=3)$	$\lg a(N > 10^7, m=5)$	10^7 循环时的疲劳极限/MPa	厚度指数 k
大气环境	12.164	15.606	52.63	SCF≤10 时 0.25 SCF>10 时 0.30
阴极保护的海水环境	11.764	15.606	52.63	SCF≤10 时 0.25 SCF>10 时 0.30

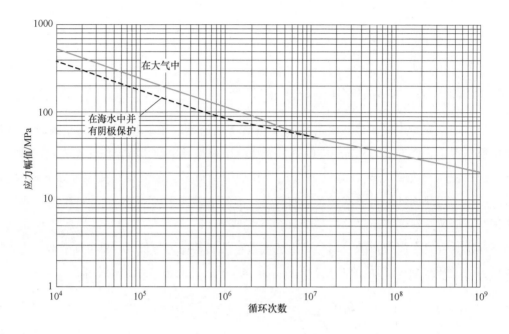

图 5-11　管节点 S-N 曲线

■ 5.4　风-浪荷载、风-海冰荷载共同作用一体化结构疲劳损伤分析

5.4.1　风-波浪荷载共同作用的疲劳损伤分析

对 4.2 节所给的 5MW 风电机组和支撑结构进行分析，根据该支撑结构的特点，选择如图 5-12 所表示的 10 个关键节点计算疲劳损伤。取平均风速 $v = 15\text{m/s}$，有义波高 $H_\text{s} = 1.67\text{m}$，谱峰周期 $T_\text{p} = 4.6\text{s}$，风和波浪方向如图 5-12 所示，风电机组为正常发电状态，假设该风浪疲劳环境的年发生概率为 20%，计算 20 年的疲劳损伤。

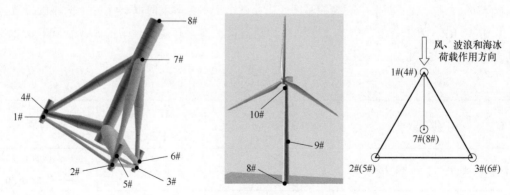

图 5-12　疲劳损伤计算点

采用一体化模型分别对风荷载单独作用、波浪荷载单独作用、风和波浪荷载耦合共同作用三种工况开展时程仿真分析后进行疲劳损伤计算，并对风荷载和波浪荷载单独作用的节点最大疲劳损伤值分别采用"直接相加组合"和"平方和方根组合"两种方法进行了组合。图 5-12 中 10 个节点的最大疲劳损伤见表 5-2，计算结果表明：

　　1）风荷载在塔架顶部 10#节点产生最大损伤，风荷载导致的结构损伤随高度的降低而快速衰减。由于本算例的水深达 43m，在风浪环境条件下，波浪荷载导致的下部结构节点疲劳损伤远大于风荷载的损伤。

　　2）风和波浪荷载损伤"直接相加组合"值大于风-浪荷载耦合共同作用下的损伤值。对于下部结构而言，风-浪荷载"直接相加组合"相对于"耦合共同作用组合"的增大率为 7.1% ~43.1%。塔架顶部 10#节点的损伤主要是由风荷载引起的，风荷载单独作用下的损伤值为 0.2369，但是在风-浪荷载耦合共同作用下，塔顶的损伤值减少为 0.113。上述对比分析表明，风和波浪荷载单独作用的损伤值直接相加高估了实际的疲劳损伤。

　　3）对于风和波浪荷载损伤的"平方和开方组合"，本算例 10 个节点中，有 7 个节点的"平方和开方组合"的损伤值小于风-浪荷载"耦合共同作用组合"的损伤值。在两种损伤值接近的情况下（如 7#、8#和 9#三个节点），这两种组合的差距较大，如 7#、8#和 9#三个节点的"平方和开方组合"相对于"耦合共同作用组合"的降低率分别为 12.1%、21.4% 和 22.0%。塔架顶部 10#节点，风和波浪荷载导致的损伤差异较大，该节点"平方和开方组合"相对于"耦合共同作用组合"损伤值增加了 112.4%。上述结果表明，采用"平方和开方组合"结果的不确定性较大，其损伤值与"耦合共同作用组合"损伤值的差异与两种荷载单独作用损伤值的大小比例有关。因此，风和波浪荷载共同作用下疲劳损伤采用"平方和开方组合"的方法存在较大的不确定性从而导致较大的设计风险。

表 5-2　风、波浪荷载作用下的疲劳损伤对比

节点	风	浪	风 + 浪 ①	平方和开方 ②	风浪耦合 ③	$\frac{①-③}{③}$	$\frac{②-③}{③}$
1#	0.029	0.209	0.238	0.211	0.212	12.2%	-0.5%
2#	0.019	0.082	0.101	0.084	0.0816	23.7%	2.9%
3#	0.014	0.093	0.107	0.094	0.0999	7.1%	-5.9%
4#	0.085	0.632	0.717	0.638	0.6397	12.1%	-0.3%
5#	0.052	0.1261	0.178	0.136	0.1244	43.1%	9.3%
6#	0.022	0.145	0.167	0.147	0.1569	6.4%	-6.3%
7#	0.046	0.041	0.087	0.062	0.0705	23.4%	-12.1%

（续）

节点	风	浪	风 + 浪 ①	平方和开方 ②	风浪耦合 ③	$\dfrac{①-③}{③}$	$\dfrac{②-③}{③}$
8#	0.0216	0.0237	0.0453	0.032	0.0407	11.3%	−21.4%
9#	0.0424	0.043	0.0854	0.060	0.0769	11.1%	−22.0%
10#	0.2369	0.0391	0.276	0.24	0.113	144.2%	112.4%

5.4.2 风-海冰荷载共同作用下的疲劳损伤分析

采用 4.4 节的算例对风和海冰荷载共同作用下的疲劳损伤进行分析。假设该疲劳环境的年发生概率为 1.0%，计算 20 年的疲劳损伤。

1. 不同冰激振动模式下的疲劳损伤对比

分别对直立结构的锁频挤压冰力和带抗冰锥结构的弯曲冰力单独作用进行疲劳损伤分析，计算结果见表 5-3。

（1）锁频挤压冰力振动疲劳损伤　"4.4.2 冰激振动算例分析"中直立结构的锁频挤压冰力作用下机舱的最大振动加速度值达到了 $1.81\mathrm{m/s}^2$，强烈的冰激振动会导致较大的疲劳损伤。计算结果显示，冰激振动对塔架疲劳损伤的影响明显大于对下部支撑结构的影响，塔架底部（8#节点）、中部（9#节点）和顶部（10#节点）的疲劳损伤分别为 0.345、0.648、0.635。下部结构疲劳损伤最大的位置为主筒与斜撑交接点 7#点，其损伤为 0.521，随着与海冰荷载作用点距离的增大，下部结构的疲劳损伤很快衰减，4#节点的疲劳损伤 0.1130，下部结构其余节点的疲劳损伤值都很小。

（2）弯曲冰力振动疲劳损伤　根据"4.4.2 冰激振动算例分析"的结果，设置抗冰锥后机舱的最大振动加速度值由直立结构的 $1.81\mathrm{m/s}^2$ 大幅降低到了 $0.29\mathrm{m/s}^2$，这种振动效应的减小也反映在对结构疲劳损伤的影响上。表 5-3 的结果显示，设置抗冰锥结构后，7#点高程以上的节点疲劳损伤值由直立结构时的较大值几乎降低为 0。但是 7#点高程以下的节点疲劳损伤并未出现大的变化，反而还产生了一定程度的增大。在本算例中设置抗冰锥结构并未改善下部结构疲劳损伤状态，但是几乎消除了冰激振动引起的上部塔架结构的疲劳损伤，从系统整体角度考虑抗冰锥结构是必要的，这种结果反映了海上风电机组支撑结构一体化设计分析的优点。

表 5-3　冰激振动疲劳损伤

节　　点	直立结构的锁频挤压冰力	抗冰锥结构的弯曲冰力
1#	0.0363	0.0413
2#	0.0131	0.0175

（续）

节　　点	直立结构的锁频挤压冰力	抗冰锥结构的弯曲冰力
3#	0.0164	0.022
4#	0.1130	0.125
5#	0.0225	0.0288
6#	0.0254	0.0377
7#	0.521	0.001
8#	0.345	0.00
9#	0.648	0.00
10#	0.635	0.00

2. 风和海冰荷载共同作用下的疲劳损伤分析

采用一体化模型分别对风荷载单独作用、锁频冰力单独作用、风荷载和锁频冰力耦合共同作用三种工况开展时程仿真分析后进行疲劳损伤计算，并对风和海冰荷载单独作用下的疲劳损伤采用"直接相加组合"，将该组合值与风和海冰荷载"耦合共同作用组合"结果进行了对比分析，计算分析结果见表 5-4。计算结果表明：风和海冰荷载耦合作用下的疲劳损伤大于风和海冰荷载单独作用疲劳损伤的直接相加，增加幅度为 13.4% ~ 22.1%。这表明采用分离式设计对海泳和风荷载导致的疲劳损伤的线性叠加，低估了疲劳损伤值。

表 5-4　风荷载和锁频冰力共同作用下的疲劳损伤对比

节点	风	海　冰	风 + 海冰 ①	风和海冰耦合 ②	$\dfrac{①-②}{②}$
1#	0.00145	0.0363	0.0378	0.0467	-19.1%
2#	0.00095	0.0131	0.0141	0.0169	-16.6%
3#	0.00070	0.0164	0.0171	0.0212	-19.3%
4#	0.00425	0.1130	0.118	0.145	-18.6%
5#	0.0026	0.0225	0.0251	0.029	-13.4%
6#	0.0011	0.0254	0.0265	0.033	-19.7%
7#	0.0023	0.521	0.523	0.670	-21.9%
8#	0.00108	0.345	0.346	0.444	-22.1%

（续）

节点	风	海　冰	风 + 海冰 ①	风和海冰耦合 ②	$\dfrac{①-②}{②}$
9#	0.00212	0.648	0.650	0.833	− 21.9%
10#	0.0118	0.635	0.647	0.816	− 20.7%

■5.5　地基基础疲劳弱化分析

在循环荷载作用下，海床地基土中超孔隙水压力的增加和塑性应变的累积，将导致土体的刚度和强度产生疲劳弱化。通过一体化分析得到地基基础在循环荷载作用下的应力幅和相应循环次数后，采用地基疲劳弱化模型分析其刚度和强度的疲劳弱化特性，可以得到循环荷载作用下地基基础的变形和承载力。采用三轴静载和动载试验、土体弯曲元测试、共振柱测试等手段，研究影响土体循环弱化的各种影响因素，以此为基础建立土体刚度和强度的循环弱化模型。本书采用土体三轴静载和动载试验，研究了不同固结应力、固结方式和动应力比条件下土体强度和刚度循环弱化特性，根据对试验成果的分析，引入了动偏应力水平参数，建立了基于动偏应力水平的可合理综合反映固结应力、固结方式和动应力影响的土体循环弱化特性统一模型。为了与常用土工有限元模型相适应以利于在工程设计的实际应用，经分析提出了基于累积塑性应变的土体疲劳弱化模型。最后通过一个典型算例和工程案例对承受竖向循环荷载的桩基础进行了轴向承载力弱化分析。

5.5.1　土体刚度疲劳弱化特性

1. 土体循环加载的基本概念

假设土体在固结静偏应力 q_s 完成三轴静载试验后，施加图 5-13 所示的荷载进行循环测试。图中 q_{max} 和 q_{min} 分别为循环过程中最大和最小偏应力，q_s 为固结静偏应力，等压固结状态下 $q_s = 0$，q_d 为动偏应力。定义动应力比 η_d 如下：

$$\eta_d = \frac{q_d}{p_0'} \tag{5-18}$$

式中，p_0' 为平均有效固结应力。

土体在循环加载过程中的应力-应变曲线形成一系列滞回圈，如图 5-14 所示。随着循环次数的增加，滞回圈往右侧移动的同时，逐渐向应变轴方向倾斜，表明土体的剪切刚度发生了弱化。通过剪切刚度的弱化可以反映循环荷载作用下土体刚度的弱化特性。土体经过 N 次循环加载后的剪切刚度可以通过滞回圈割线模量计算如下：

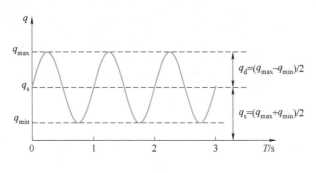

图 5-13　循环加载波形

$$G_N = \frac{q_{N,\max} - q_{N,\min}}{\varepsilon_{N,\max} - \varepsilon_{N,\min}} \tag{5-19}$$

式中，$\varepsilon_{N,\max}$ 和 $\varepsilon_{N,\min}$ 分别为第 N 次加载滞回圈最大和最小轴向应变。

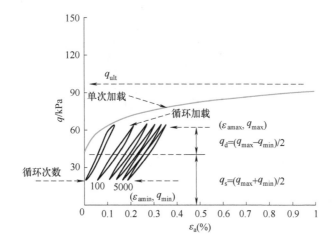

图 5-14　循环加载应力 - 应变关系曲线

引入第 N 次与第 1 次加载的剪切模量比值 G_N/G_1，对饱和黏土和粉砂剪切模量的循环衰减规律进行研究。

2. 饱和软黏土剪切模量循环衰减特性

（1）剪切模量循环衰减的主要试验结果

1）动应力比 η_d 的影响。图 5-15 为某海洋饱和软黏土土样在平均有效固结应力 $p_0' = 114\mathrm{kPa}$ 的偏压固结模式下，不同动应力比 η_d 条件下剪切模量随循环次数变化的曲线。图中显示，剪切模量随循环次数的增加而逐渐减小，在循环荷载作用初期，剪切模量的衰减趋势明显，衰减速率较大。随着循环次数的增加，剪切模量的衰减速率逐渐减小，并最终达到相对稳定状态。在平均有效固结应力、固结模式及循环次数相同的情况下，剪切模量随动应力比的增大而减小。

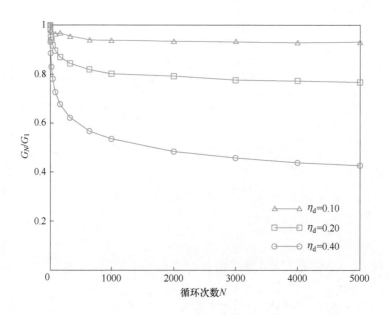

图 5-15　不同动应力比 η_d 下剪切模量随循环次数的衰减

2）平均有效固结应力 p'_0 的影响。图 5-16 给出了固结模式和循环动应力比相同的条件下，不同平均有效固结应力的剪切模量衰减与循环次数的关系，剪切模量衰减幅度随平均有效应力的增加而增加。

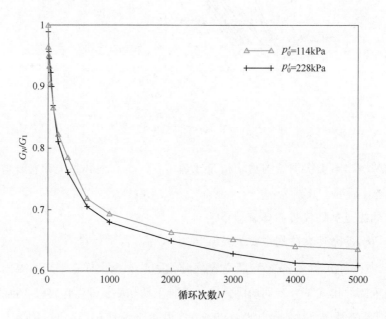

图 5-16　不同平均有效固结应力 p'_0 下剪切模量随循环次数的衰减

3）固结方式的影响。等压固结和偏压固结方式下剪切模量随荷载循环次数变化如图 5-17 所示。图中显示，在相同的平均固结有效应力和动应力比条件下，由于固结静偏应力的存在，偏压固结饱和软黏土剪切模量的衰减幅度小于等压固结方式的衰减幅度。

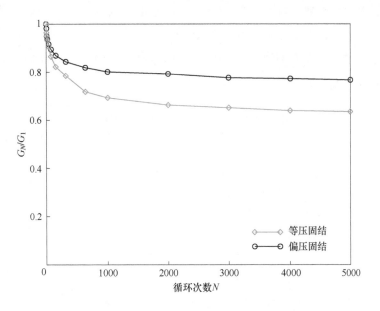

图 5-17 不同固结方式下剪切模量随循环次数的衰减

（2）剪切模量循环衰减特性 上述循环三轴试验结果表明，循环荷载作用下饱和软黏土刚度弱化特性，与平均有效固结应力、固结方式及循环加载动应力密切相关。要合理分析饱和软黏土刚度弱化特性，必须充分考虑这些因素的综合影响。定义第 N 次循环与第一次循环的剪切模量之比为刚度软化系数 $\delta_d = \dfrac{G_N}{G_1}$，对图 5-15 ~ 图 5-17 试验结果进行分析，通过拟合相关试验数据可以发现 δ_d 与 $\ln N$ 之间存在近似的线性关系如下：

$$\delta_d(N) = 1 - d\ln N \qquad (5-20)$$

式中，d 为软化参数，该参数集中反映了平均有效固结应力、循环加载动应力和固结静偏应力的影响。

由于饱和软黏土不排水抗剪强度 C_u 耦合了有效固结应力和固结静偏应力的影响，因此定义动偏应力水平 $D_d = \dfrac{q_d}{C_u}$ 来描述饱和软黏土软化参数的变化。图 5-18 为饱和软黏土软化参数 d 与动偏应力水平 D_d 的关系曲线，可以发现通过考虑平均有效固结应力、动应力和固结静偏应力的影响，软化参数 d 随着动偏应力水平 D_d 的增大表现出近似线性单调增大的规律，可以得到其线性形式的拟合曲线，表明动偏应力水平 D_d 可以合理反映不同固结条件下饱和软黏土刚度的循环弱化特性。

3. 饱和粉砂剪切模量循环衰减特性

（1）剪切模量循环衰减的主要试验结果

1）动应力比 η_d 的影响。图 5-19 给出了在不同动应力比循环荷载作用下，剪切模量衰减和循环次数的关系。与循环荷载作用下饱和软黏土剪切模量衰减规律大致相同，循环荷载作用下饱和粉砂剪切模量均随循环次数的增加逐渐减小。在循环荷载作用初期剪切模量衰减趋势明显，衰减速率较大，随着循环次数的增加其衰减速率逐渐减小，并最终达到相对稳定状态。在平均有效固结应力、固结模式及循环次数相同的条件下，随着动应力比的增大，剪切模量衰减程度逐渐增大。

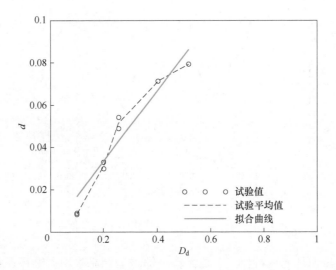

图 5-18　饱和软黏土软化参数 d 与动偏应力水平 D_d 关系

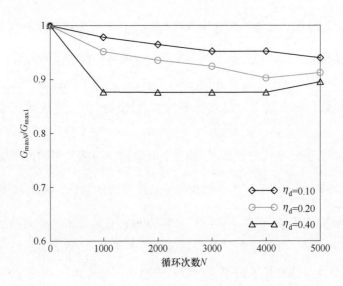

图 5-19　不同动应力比 η_d 下剪切模量随循环次数的衰减

2）固结方式的影响。图 5-20 给出了饱和粉砂在等压和偏压两种固结模式下，剪切模量衰减和循环次数关系的对比。在平均有效固结应力和动应力相同的循环加载下，饱和粉砂偏压固结的剪切模量衰减幅度小于等压固结的衰减幅度。

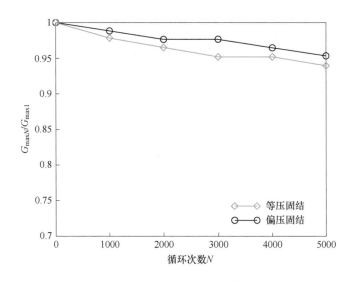

图 5-20 不同固结方式下剪切模量随循环次数的衰减

（2）剪切模量循环衰减特性 对图 5-19 和图 5-20 试验结果进行拟合分析，可以发现饱和粉砂刚度软化的规律同样可以用式（5-19）表达。为了分析循环荷载作用下饱和粉砂的弱化特性，借鉴上述饱和软黏土的方法，引入动偏应力水平 $D_\mathrm{d} = \dfrac{q_\mathrm{d}}{q_\mathrm{ult}}$ 来描述饱和粉砂软化参数的变化，q_ult 为饱和粉砂在三轴试验中的极限强度，其耦合了有效固结应力和固结静偏应力的影响。通过考虑平均有效固结应力、动应力和固结静偏应力影响的耦合作用，软化参数 d 随动偏应力水平 D_d 增大表现出近似线性单调增大的规律，表明动偏应力水平 D_d 可以合理描述饱和粉砂的刚度循环弱化特性。

5.5.2 土体强度疲劳弱化特性

循环加载结束后，通过对土样进行不排水静三轴试验，研究先期循环荷载对后续静力强度特性的影响。图 5-21 为未受循环荷载作用和循环加载后的进行单调加载过程的应力-应变关系示意图，图中 $q_{\mathrm{ult},s}$ 表示土样未受循环荷载作用直接进行三轴压缩试验得到的峰值强度，$q_{\mathrm{ult},c}$ 表示土样循环加载结束后进行三轴压缩的峰值强度，ε_1^p 为循环荷载作用过程中产生的轴向累积塑性应变。

1. 饱和软黏土强度循环衰减特性

（1）静载和循环加载三轴试验结果对比 图 5-22 给出了某饱和软黏土土样静力加载和循环荷载作用 5000 次后不排水三轴试验的应力-应变曲线、孔压-应变曲线和有效应力路径的对比。图中仅显示循环加载结束后的静力剪切部分试验结果，因此图中的轴向应变不包含土体循环过程中已经累积的轴向塑性应变 ε_1^p。

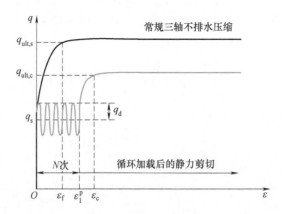

图 5-21 循环加载与静力加载的应力-应变曲线

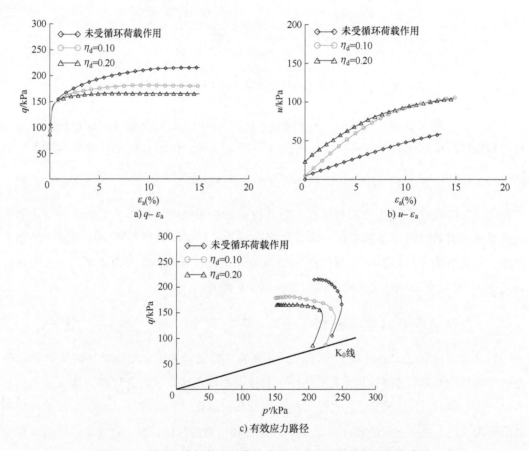

a) $q - \varepsilon_a$

b) $u - \varepsilon_a$

c) 有效应力路径

图 5-22 循环加载与静力加载的应力、孔压和有效应力路径对比

从图 5-22 中偏应力与轴向应变的关系曲线可以看出，由于循环荷载的作用，其后续单调加载峰值应力相对于没有受循环荷载作用的峰值应力，均发生了不同程度的降低。循环荷载作用下的残余孔压，在不排水条件下没有消散，因此后续单调加载的总静孔压，普遍大于土样没有受循环荷载作用的孔压。由于动应力比不同，循环过程中产生的残余孔压不同，所以在单调加载阶段，对应不同的初始孔压值；土体总静孔压随轴向应变的

增加而增大，随后孔压基本稳定在较小的变化范围。随着动应力比的提高，土样中累积孔压上升幅度增大，从有效应力路径曲线可以看出平均有效应力 p_0' 减少的程度加剧，导致后续的静峰值应力更小。

（2）强度疲劳弱化特性　为了研究饱和软黏土受循环荷载作用后抗剪强度的衰减程度，引入抗剪强度衰减比 $\delta = \dfrac{S_{\mathrm{c}}}{C_{\mathrm{u}}}$，$S_{\mathrm{c}}$ 为循环荷载作用后的土体不排水抗剪强度，C_{u} 为土体未受循环荷载作用时的不排水抗剪强度。对图 5-22 的试验结果进行分析可以得到饱和软黏土抗剪强度衰减比。通过与描述饱和软黏土刚度弱化特性类似的方法，引进动偏应力水平 $D_{\mathrm{d}} = \dfrac{q_{\mathrm{d}}}{C_{\mathrm{u}}}$ 对循环荷载作用后不排水抗剪强度的衰减程度进行描述。图 5-23 给出了抗剪强度衰减比与动偏应力水平关系，从图中可以看出抗剪强度衰减比与动偏应力水平成近似线性关系，说明动偏应力水平可以合理反映不同固结条件下饱和软黏土循环荷载作用后不排水抗剪强度弱化的特性。

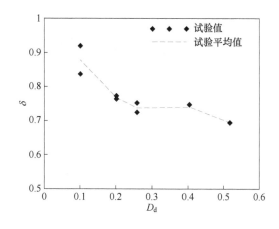

图 5-23　饱和软黏土抗剪强度衰减比与动偏应力水平关系

2. 饱和粉砂强度循环衰减特性

（1）静载和循环加载三轴试验主要结果对比　图 5-24 给出了某饱和粉砂土样静力加载和循环荷载作用 5000 次后不排水三轴试验的应力-应变曲线、孔压-应变曲线和有效应力路径的对比。图中的数据仅为循环加载结束后的静力剪切部分试验结果，因此图中的轴向应变不包含土体循环过程中已经累积的轴向塑性应变。

从图 5-24 中可以看出，由于循环荷载的作用，其后续单调加载峰值应力相对于没有受循环荷载作用的峰值应力，均发生了不同程度的降低，这一趋势随动应力比的增大而更加显著。由于先期循环荷载的作用，其后续的单调加载过程中，相对于未受循环荷载作用直接进行单调加载的土样，在轴向应变较低时孔压就达到峰值开始下降，孔压下降速度相对缓慢，直至趋于稳定值不再有明显下降，孔压一直为正值，显示循环荷载作用后饱和粉砂的剪胀性减弱。

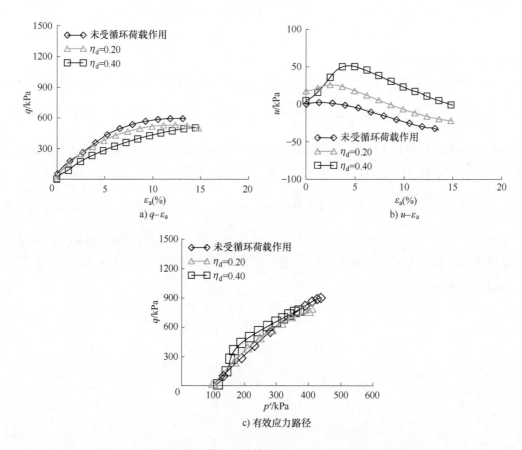

图 5-24 循环加载与静力加载的应力、孔压和有效应力路径对比

（2）强度疲劳弱化特性　采用动偏应力水平 $D_d = \dfrac{q_d}{q_{ult}}$ 来描述循环荷载作用后饱和粉砂不排水抗剪强度的衰减，抗剪强度衰减比 δ 与动偏应力水平 D_d 的关系如图 5-25 所示，抗剪强度衰减比与动偏应力水平成单调关系，抗剪强度衰减比随动偏应力水平的增大而减小，表明动偏应力水平可以合理反映海洋饱和粉砂循环荷载作用后不排水抗剪强度衰减的特性。

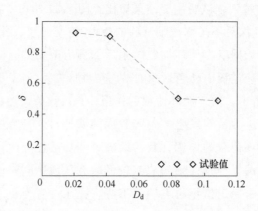

图 5-25 饱和粉砂抗剪强度衰减比与动偏应力水平关系

5.5.3 基于累积塑性应变的土体疲劳弱化模型

虽然动偏应力水平可以合理地描述饱和软土的循环弱化特性，但是由于常用的土工有限元模型无法直接采用动偏应力水平参数进行分析，所以难以在工程设计中应用。通过对试验成果的进一步分析，建立了基于累积塑性应变的土体疲劳损伤模型。

图5-26给出了饱和软黏土在不同的动应力比、平均有效固结应力和固结模式下的累积塑性应变随循环次数变化的情况，累积塑性应变随循环次数的变化规律与前述刚度和强度衰减随循环次数变化的规律相同。

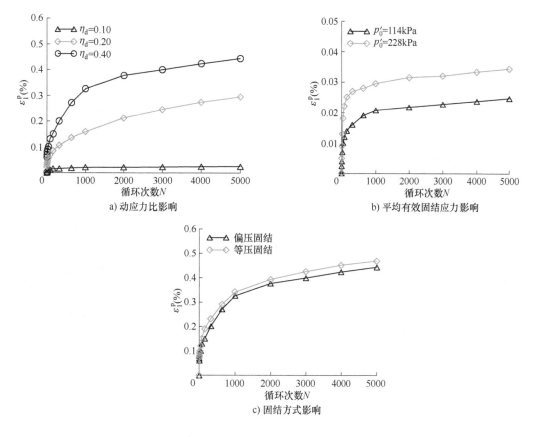

图 5-26 轴向累积塑性应变随循环次数的变化曲线

因此可以考虑用循环荷载作用后的轴向累积塑性应变来描述循环荷载作用后饱和软土的不排水抗剪强度的衰减，如图5-27所示，土体强度损失 δ 随轴向累积塑性应变 ε_1^p 的增大而减小，δ 与 $\ln\varepsilon_1^p$ 近似呈线性关系，表明循环过程中产生的轴向累积塑性应变可以合理反映饱和软黏土循环荷载作用后不排水抗剪强度弱化的特性。

在不排水弹塑性本构模型中，先期循环荷载的影响可以用累积塑性剪应变来表示，由此可以建立土体损伤软化模型来描述先期循环加载引起的土体中不排水强度的损失。土体强度损失比 δ 可用下式表达：

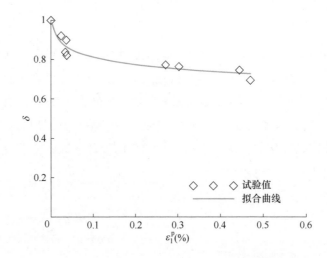

图 5-27　循环荷载作用后抗剪强度衰减比与累积塑性应变关系

$$\delta = \frac{S_c}{C_u} = \delta_{rem} + (1 - \delta_{rem})\, e^{-3\varepsilon^p / \varepsilon^p_{95}} \tag{5-21}$$

式中，S_c 和 C_u 分别为损伤软化和未发生损伤软化的土体不排水抗剪强度；δ_{rem} 为完全重塑土体强度比，$\delta_{rem} = \frac{S_{c,rem}}{C_u}$，可取为黏性土灵敏度 S_t 的倒数；在二维问题中累积塑性剪应变 $\varepsilon^p = \int d\varepsilon^p$，其中 $d\varepsilon^p = \sqrt{\left(\dfrac{d\varepsilon^p_x - d\varepsilon^p_y}{2}\right)^2 + (d\gamma^p_{xy})^2}$，也可以表示为 $d\varepsilon^p = \dfrac{d\varepsilon^p_1 - d\varepsilon^p_3}{2}$，在不排水条件下 $d\varepsilon^p_3 = -\dfrac{1}{2} d\varepsilon^p_1$，则 $d\varepsilon^p = \dfrac{3}{4} d\varepsilon^p_1$；$\varepsilon^p_{95}$ 为引起 95% 的土体重塑，即 $S_c = 5\%$ $(C_u - S_{c,rem}) + S_{c,rem}$ 时对应的累积塑性剪应变。参数 ε^p_{95} 是用来描述土体强度衰减速率的指标，其值越大则表示引起同样的土体强度降低所需要的累积塑性剪应变越大，ε^p_{95} 可由土单元体试验或 T-bar、Ball 贯入仪测得，其取值范围为 10 ~ 50。

5.5.4　算例分析

1. 有限元模型

在饱和软黏土不排水弹塑性模型（Tresca 模型）的基础上引入了基于累积塑性应变的土体疲劳损伤模型，对均质地基中桩基础在轴向拉压双向循环荷载作用下的桩基极限承载力衰减进行了计算分析。

单桩问题可以看成轴对称问题，可以建立轴对称有限元模型进行模拟。使用有限元软件对桩土进行建模，单桩尺寸取直径 $D = 0.5\text{m}$，桩长 $l = 10.0\text{m}$，计算区域水平方向宽度为桩径的 20 倍，竖直方向为桩端向下扩展一倍桩长。选用 8 节点的二阶四边形单元进行网格划分，在桩的附近土体网格加密，有限元计算模型如图 5-28 所示。在桩土界面上，桩土共节点，没有考虑桩土界面的相互滑移。土体水平方向边界和中心轴处施加水平方向约束，模型底部边界施加水平和竖直两个方向的约束，单桩的中心轴处施加水平方向的约束。

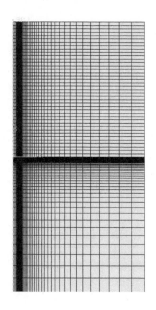

图 5-28　单桩竖向循环加载极限承载力疲劳衰减分析有限元模型

模型桩的弹性模量 $E_p = 200\text{GPa}$，泊松比 $\upsilon_p = 0.2$。饱和软黏土不排水强度循环弱化模型 95% 的土体发生重塑时对应的累积塑性剪应变 ε_{95}^p 统一取为 50，假设土体的灵敏度 S_t 为 5。饱和软黏土的泊松比可取为 $\upsilon_s = 0.49$。采用位移控制进行逐步加载分析，其位移作用点在单桩顶部轴线中心点上，确定相应的荷载，由此得到单桩的荷载-位移关系曲线。w_c 为轴向循环位移幅值（$+w_c$ 和 $-w_c$ 分别为拉压竖向循环过程中最大和最小循环位移）。计算中假定循环次数为 60 次，在拉压等值双向循环荷载作用结束后进行单调下压加载，对循环荷载作用先后的桩基竖向极限承载力进行对比分析。

2. 计算结果分析

图 5-29 为先期循环作用后单桩抗压极限承载力衰减与循环位移幅度的关系，图中 Q_{uc}/Q_{us} 为归一化量，即循环作用后的极限承载力与未受循环荷载作用的极限承载力的比值，w_c/D 为竖向循环位移幅度与桩径的比值。图 5-29 显示，w_c/D 不超过 0.032 时，先期循环荷载作用对单桩极限承载力的影响很小，其极限承载力几乎不发生衰减。w_c/D 超过 0.032 以后，先期循环荷载作用后单桩极限承载力发生明显的衰减，随着循环位移幅度的增大，单桩极限承载力的衰减逐渐加剧。当循环位移幅度达到临界值时，单桩极限承载力的循环弱化程度趋于稳定，极限承载力的衰减程度不再随循环位移幅度的增大而加剧。计算结果显示，土体不排水抗剪强度的改变对单桩极限承载力衰减几乎没有影响，两条曲线几乎重合。不排水抗剪强度 $C_u = 5\text{kPa}$ 和 $C_u = 10\text{kPa}$ 的均质地基中，单桩的循环位移幅度的临界值均为 $w_c/D = 0.06$。

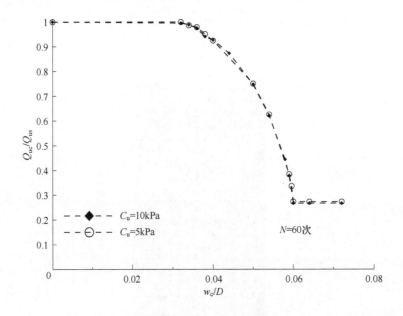

图 5-29   均质地基中循环位移幅度与桩基竖向抗压极限承载力衰减的关系

5.5.5   工程案例分析

本小节将进一步应用 5.5.3 小节提出的方法，计算某个海上风电场风电机组桩基础在轴向循环荷载作用下的轴向承载力特性，并提出轴向循环荷载作用下桩基础的设计校核方法。

该海上风电场采用 3MW 风电机组，下部支撑结构及基础为高承台群桩基础，承台直径 14m，厚度 4.5m，每个承台下设置 8 根钢管桩，钢管桩外径 $D = 1.70$m，壁厚 $t = 25$mm，桩的入土深度 $L_p = 65$m，桩的弹性模量 $E_p = 210$GPa，泊松比 $\nu_p = 0.30$。海床地基为饱和软黏土，在不排水条件下泊松比取为 $\nu_s = 0.49$。场地非均质饱和软黏土地基不排水抗剪强度 S_u 随深度 y 的变化模式如图 5-30 所示，根据试验结果分析得到海床地基土不排水抗剪强度 S_u 的非均质系数 $\zeta = 2.45$kPa/m。

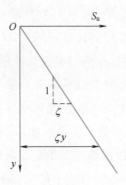

图 5-30   软黏土的不排水抗剪强度随深度的变化模式

土体模型采用 5.5.3 所提出的不排水抗剪强度循环弱化模型，根据试验结果，完全重塑土体强度比 $\delta_{rem}=0.294$，即灵敏度 $S_t=3.40$；95% 的土体发生重塑时对应的累积塑性剪应变 $\varepsilon_{95}^p=34.2$。采用荷载控制方法进行逐步加载，循环荷载作用后施加单调荷载，循环荷载水平 Q_c/Q_{us} 取值相对较小，其中 Q_c 为循环荷载幅值（ $+Q_c$ 和 $-Q_c$ 分别为拉压竖向循环过程中最大和最小循环荷载）。

1. 有限元模型

对钢管桩建立二维轴对称模型进行模拟。计算区域水平方向宽度为桩径的 20 倍，竖直方向为桩端向下扩展一倍桩长。选用 8 节点的二阶四边形单元进行网格划分，在桩的附近土体网格加密，有限元计算模型如图 5-31 所示。在桩土界面上，桩土共节点，不考虑桩土界面的相互滑移。土体水平方向边界和中心轴处施加水平方向约束，模型底部边界施加水平和竖直两个方向的约束，单桩的中心轴处施加水平方向的约束。

图 5-31　有限元模型

2. 计算结果与分析

图 5-32 为循环荷载作用下桩顶荷载 Q 与位移 w 曲线的有限元计算结果。当循环荷载水平较小时，桩顶的循环位移不随循环次数的增长而发生改变，循环荷载 Q-位移 w 曲线为一条直线，如图 5-32a、b 所示。当循环荷载水平增大到一定程度，桩顶的循环位移随循环次数的增长而增长，荷载 Q-位移 w 曲线逐渐形成滞回圈，如图 5-32c、d 所示，随着循环次数的增长滞回圈逐渐向右移动，并且逐渐向位移坐标轴倾斜，循环荷载作用对单桩的竖向刚度产生了较大影响。

为了研究循环荷载作用下单桩刚度的弱化程度，对单桩刚度进行归一化，每次循环对应的单桩刚度与单桩初始刚度的比值 K_c/K_s，即为归一化后单桩的竖向刚度，单桩刚度随循环次数的变化如图 5-33 所示。为了考察循环荷载作用后单桩极限承载力的衰减程度，对单桩极限承载力进行归一化，循环荷载作用后的极限承载力与未受循环荷载作用的极限承载力的比值 Q_{uc}/Q_{us}，即为归一化后的单桩极限承载力，如图 5-34 所示。循环荷载水平为 0.125 时，单桩的竖向刚度和极限承载力没有衰减。当循环荷载水平为 0.200 时，单桩竖向刚度仅减少了 0.04%，单桩的极限承载力衰减了 0.112%。当循环荷载水平为 0.300 时，单桩的竖向刚度和极限承载力发生了较明显的衰减，单桩竖向刚度的衰减与循环次数呈线性关系。随着循环荷载水平的增大，单桩承载性能的弱化程度进一步加剧，当循环荷载水平为 0.350 时，单桩的竖向刚度减少了大约 15%，单桩的极限承载力降低了将近 20%。

如图 5-32 所示，循环荷载作用下荷载 Q-位移 w 曲线随循环次数增加逐渐向右移动，说明单桩桩顶的累积位移不断增大。在不同大小的循环荷载水平作用下，单桩的桩顶累积沉降 w 与循环次数 N 的关系如图 5-35 所示，图中的累积沉降是指去掉回弹后桩的永久沉降，可以看出，循环荷载水平越大则相同循环次数作用下的桩顶累积沉降也越大。

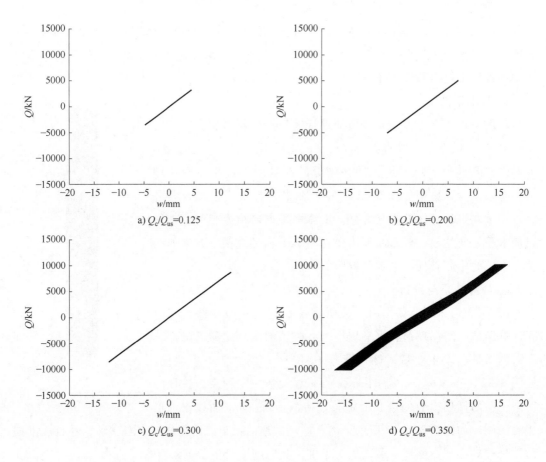

图 5-32　单桩的循环荷载 Q-位移 w 曲线（循环次数 $N = 200$ 次）

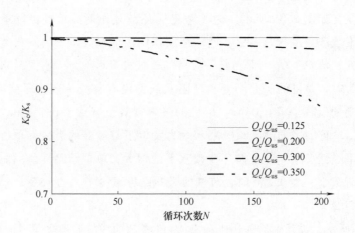

图 5-33　单桩竖向刚度衰减随循环次数的变化（循环次数 $N = 200$ 次）

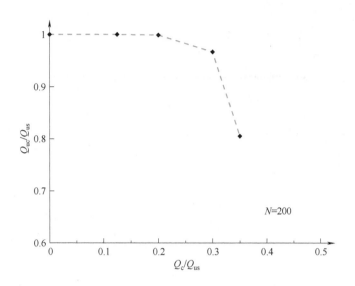

图 5-34　循环荷载水平对单桩极限承载力弱化的影响（循环次数 $N = 200$ 次）

从桩顶累积沉降来看，当循环荷载比为 0.125 时，循环荷载作用 200 次，桩基不产生循环累积沉降。当循环荷载水平为 0.300 时，桩顶循环累积沉降随循环次数呈线性关系，循环荷载作用 200 次产生的桩顶累积沉降为 0.16mm。当循环荷载水平达到 0.350 时，桩顶的循环累积沉降发展较快，循环荷载作用 200 次产生的桩顶累积位移达到了 2.29mm。循环荷载水平为 0.380 时，桩顶的循环累积位移发展极快，循环荷载作用 105 次桩顶累积沉降达到 4.53mm，并保持一个近似恒定的斜率增长，很快便达到破坏。

当循环荷载水平小于 0.125 时，单桩刚度和承载力不会发生衰减，也不会发生循环累积沉降。海上风电场由于处于海洋环境，其桩基础所受循环荷载与具体环境条件关系密切，本工程桩顶轴力循环幅值约 2000kN，循环荷载水平不超过 0.125，因此该海上风电场风电机组桩基础设计可满足承载性能的要求，但是偏于安全。合理的设计方法是将循环荷载水平控制在某一范围内，桩顶累积沉降及单桩刚度衰减随循环次数呈线性变化，并且循环荷载作用后单桩的极限承载力仍能满足单桩极限承载力的要求。

3. 循环荷载作用下桩基础承载力的设计校核方法

综上所述，在实际工程中，可以采用如下步骤进行循环加载作用下单桩的设计：

1）对实际工程所处地域的原状地基土进行常规土工试验，确定其主要物理参数。通过对其开展一系列单调和循环加载试验，确定地基土的非均质系数、重塑土体强度比 δ_{rem} 和引起 95% 的土体重塑时对应的累积塑性剪应变 ε_{95}^{p}。

2）桩基础先根据现行的设计方法进行初步设计。同时基于考虑土体循环弱化特性的饱和软黏土不排水弹塑性损伤软化模型，建立桩基础的有限元模型。

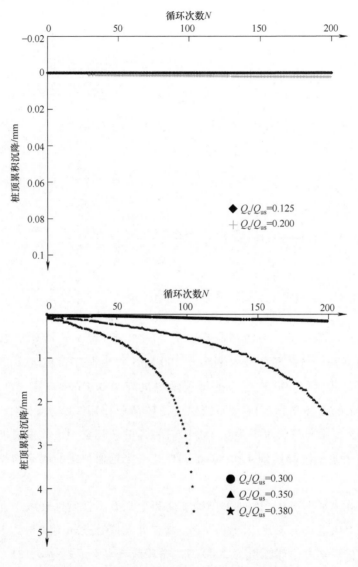

图 5-35　桩顶循环累积沉降随循环次数的变化

3）计算桩基未受循环荷载作用的竖向抗压极限承载力 Q_{us}，以及对应的最大桩顶沉降。根据实际工况，确定实际工程中所受的循环荷载 Q_c 或者循环位移 w_c，即确定循环荷载水平或者循环位移水平。

4）根据上一步确定的循环荷载或者循环位移，采用考虑土体循环弱化特性的饱和软黏土不排水弹塑性损伤软化模型进行有限元分析，根据计算所得到的结果判断单桩刚度的衰减和桩顶累积沉降是否随循环次数线性变化，以及一定次数循环荷载作用后单桩的极限承载力是否满足桩基的极限承载力要求。

① 如果桩基的刚度和极限承载力没有发生衰减，并且没有产生桩顶累积沉降，则说明初始设计可进行较大的优化，可以相应改变桩基础的设计，再重复步骤 2）~4），对改

进设计进行校核。

② 如果桩基的刚度和桩顶累积沉降随循环次数呈线性变化，并且在足够多次数的循环荷载作用后，桩基的极限承载力仍能满足承载要求，则说明桩基设计基本合理。如果希望进一步优化，则可以减小初始设计桩型的尺寸及强度，再重复步骤2）~4），对改进设计进行校核。

③ 如果桩基的累积沉降超过了允许值，或者桩基的刚度和极限承载力弱化的最终稳定值已经不能满足桩基的承载要求，则说明桩基的初始设计不能满足循环荷载作用下的承载性能要求，需要加大桩基的尺寸及强度，改变设计后再重复步骤2）~4）对其验算。

5）通过以上步骤确定循环荷载作用下合理经济的桩基础设计方案。

■5.6 结构动态特性对疲劳损伤影响的分析

5.6.1 等效疲劳荷载计算

疲劳荷载是影响疲劳损伤的重要因素，在海上风电机组支撑结构与地基基础一体化模型中，除了环境荷载以外，结构自振特性、刚度、阻尼比等动态特性直接影响结构的动态响应，从而会对疲劳荷载产生重要影响。本节一个单桩支撑结构为例，分析结构动态特性对疲劳损伤的影响。

风电机组和塔架采用4.2.1小节的5MW机组及塔架，下部支撑结构采用单桩基础，单桩直径 $D = 7.0 \sim 8.2\mathrm{m}$（壁厚为 $65 \sim 80\mathrm{mm}$）、桩身入土深度50m，桩顶高程为10.0m，海床面高程 $-11.0\mathrm{m}$。采用湍流风模型进行风荷载作用下的仿真分析，仿真时长为300s。根据仿真计算结果，提取海床面处单桩力矩时程进行疲劳荷载计算，分析结构动态效应对疲劳荷载的影响。

对于不同的疲劳荷载时程，可以通过对其等效疲劳荷载分析其对损伤的影响。一段由荷载幅 ΔF_i 和相应的循环次数 n_i 组成的疲劳荷载时序的损伤 D_1 可以根据下式计算：

$$D_1 = \sum_{i=1}^{s} \frac{n_i}{N_i} = \frac{1}{a} \sum_{i=1}^{s} n_i \left(\Delta F_i \right)^m \tag{5-22}$$

假定参考循环次数为 N_{ref}，其等效荷载为 F_{eq}，则相应的损伤 D_2 为：

$$D_2 = \frac{1}{a} N_{\mathrm{ref}} \left(F_{\mathrm{eq}} \right)^m \tag{5-23}$$

令 $D_1 = D_2$，则

$$F_{\mathrm{eq}} = \left[\frac{\sum_{i=1}^{s} n_i \left(\Delta F_i \right)^m}{N_{\mathrm{ref}}} \right]^{\frac{1}{m}} \tag{5-24}$$

从上述推导过程可以看出，等效疲劳荷载 F_{eq} 实际上是表示在参考循环次数为 N_{ref} 的条件下，与实际疲劳荷载所导致的损伤相等的荷载。

5.6.2 支撑结构自振频率对疲劳荷载影响的分析

结构动力响应与结构自振特性和外部环境荷载频率特性相关。通过改变支撑结构一阶自振频率，分析支撑结构频率对等效荷载的影响。支撑结构在 6 种不同的一阶自振频率条件下，泥面处单桩基础等效疲劳力矩（S-N 曲线 $m=5$，参考循环次数 $N_{ref}=90$）如图 5-36 所示。计算结果显示，等效疲劳荷载随结构频率的改变而发生较大变化。在本算例中等效疲劳力矩随结构频率变化的曲线存在一个明显的峰值点，其对应的频率和荷载分别为 0.235Hz 和 71610kN · m，当结构频率偏离该数值时，等效疲劳荷载首先呈现明显的减少趋势，随后在频率增大方向呈现较平缓的增长，而在频率降低方向出现一个较急剧的增长。在本算例中，支撑结构一阶频率为 0.245Hz 时对应的等效疲劳力矩最小，其值为 55700kN · m，当频率由 0.245Hz 降低到 0.235Hz 时，等效疲劳力矩增加28.5%。

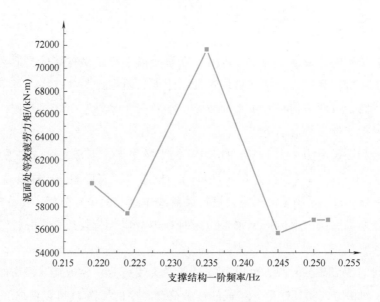

图 5-36 等效疲劳力矩随支撑结构一阶自振频率变化的关系

5.6.3 结构阻尼比对疲劳荷载影响的分析

结构阻尼比 ζ 是影响结构动力响应的重要参数，从而对疲劳荷载产生影响。支撑结构 5 个不同阻尼比 ζ 所对应的泥面处单桩基础等效疲劳力矩（S-N 曲线 $m=5$，参考循环次数 $N_{ref}=90$）如图 5-37 所示。计算结果表明，等效荷载随结构阻尼比 ζ 的减少而增加，在阻尼比 ζ 由 0.05 降低到 0.003 的过程中，等效荷载由 41300kN · m 增加到 57500kN · m，增加幅度为 39.2%。

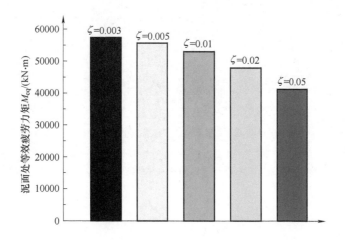

图 5-37　等效疲劳力矩随支撑结构阻尼比变化的关系

第6章 下部结构与群桩基础整体协同作用承载特性分析

■ 6.1 海上风电机组下部结构与群桩基础整体协同概念

6.1.1 海上风电机组群桩基础大偏心受力特性

群桩基础是常用的基础类型，在房屋建筑、桥梁和码头等领域有广泛的应用。海上风电机组群桩基础主要包括高承台群桩基础和导管架桩基础。对于以承受自重为主或者竖向荷载与水平荷载、倾覆力矩相当的桥梁、码头等群桩基础，各基桩承受的轴向荷载相对比较均匀，在这种条件下基桩的承载状况可以较好地反映群桩基础的承载状况。对于这种受力条件的桩基础，通过控制群桩的平均受力小于基桩的允许承载力来控制桩基整体承载性能，同时允许偏心状态下的最大基桩压力适当超过基桩允许承载力来考虑荷载偏心的影响[30][52]。对于以承受压力为主且受力比较均匀的群桩，这种设计理念是合理的。

海上风电机组群桩基础的受力特性与房屋、桥梁等存在较明显差异：首先海上风电机组及其支撑结构属于典型的高耸结构，目前海上风电主流的 5~7MW 单机容量的海上风电机组，塔架高度超过 80~100m，风轮直径为 120~180m，这样一个高耸结构传递给下部基础的荷载中倾覆力矩占绝对主导地位，其最大倾覆力矩可达到 $(15~25) \times 10^4 kN \cdot m$，而上部结构自重一般不大于 $1.0 \times 10^4 kN$，水平荷载为 1500~4000kN；另一方面，海上风电机组基础同时承受波浪、水流等侧向荷载。在上部风机荷载和波浪、水流荷载共同作用下，基础受力表现出非常显著的大偏心特性，导致群桩基础同时存在受压和受拔桩，且轴向受力极端不均匀[54][55]。这种条件下单根基桩的承载状态不能合理反映群桩基础的整体承载状态。

由于风、浪等环境荷载的随机性，在设计实践中常常难以准确判断主要受力方向，因此在工程地质较均匀的条件下，通常对全部基桩采用相同的结构设计参数。在桩长和桩径相同的条件下，基桩的抗压承载性能总是高于抗拔承载性能。这种条件下，海上风电机

154

组群桩基础轴向承载能力往往受上拔力控制。采用传统设计规范的控制原则对这种受力状况的基础进行设计，实质上是认为单根基桩上拔力达到允许承载力的时候，整个群桩结构即达到了承载力设计极限状态。实际上单根基桩达到抗拔承载力以后，在下部结构和其他基桩尤其是受压基桩的整体协同作用下，基础整体并不会立即丧失承载能力，荷载会重新分配调整。因此以基桩达到抗拔设计极限状态来评价群桩基础的整体承载极限状态是不合理的，低估了基础结构的整体承载性能，导致设计过于保守。因此，应根据海上风电机组的荷载特性，考虑下部结构和群桩整体协同作用的基础承载性能，在此基础上提出合理的极限承载能力设计控制标准。

6.1.2 海上风电机组群桩整体协同承载性能分析方法

以一个高承台群桩基础工程实例为依托，采用有限元方法对承台和群桩整体协同作用下桩基础极限承载状态进行数值仿真。首先通过现场足尺基桩抗拔承载力测试对有限元模型及其参数进行验证；然后分析不同荷载类型、基桩压拔承载力差异等对整体协同作用下基础承载性能的影响，并据此拟定数值仿真方案；根据基础的受力变形特性，采用承台中心转角随荷载的变化曲线作为反映基础整体承载特性的指标；对不同加载条件的桩基础极限承载状态进行有限元数值仿真，分析荷载传递、分配和整体协同作用，揭示群桩中基桩极限承载性能与群桩基础整体极限承载性能的关系；最后根据分析成果提出海上风电机组高承台群桩基础承载力控制标准。

■ 6.2 整体协同作用的有限元仿真模型

6.2.1 地基基础基本参数

某深厚软土地基海上风电场的机组下部支撑结构及基础采用高承台群桩基础，其结构布置如图 6-1 所示。混凝土承台直径为 14m，设置 8 根直径为 1.70m、斜度为 5.5∶1（倾角 10.30°）、壁厚为 30~22mm 的钢管基桩，基桩入土深度为 65m。承台顶部通过一个直径为 4.5m，厚度为 60mm 的过渡段钢筒与风电机组塔架连接。风电机组传递到基础顶部的力矩为 $12 \times 10^4 kN \cdot m$，竖向力为 3500kN，水平力为 2000kN，作用在承台上的最大波浪荷载为 4000kN。风电场岩土工程基本参数见表 6-1。

表 6-1 风电场岩土工程基本参数

土层	桩基抗压 极限侧阻/kPa	桩基抗拔 极限侧阻/kPa	桩端极限 端阻/kPa	黏土不排水 抗剪强度/kPa	砂土内摩擦角 /(°)
③	15	8	—	20	—
⑥	40	25	—	110	—

（续）

土层	桩基抗压 极限侧阻/kPa	桩基抗拔 极限侧阻/kPa	桩端极限 端阻/kPa	黏土不排水 抗剪强度/kPa	砂土内摩擦角 /(°)
⑦₁₋₁	55	25	—	—	28
⑦₁₋₂	65	26	—	—	31
⑦₂₋₁	90	42	6000	—	33
⑦₂₋₂	110	50	7000	—	34

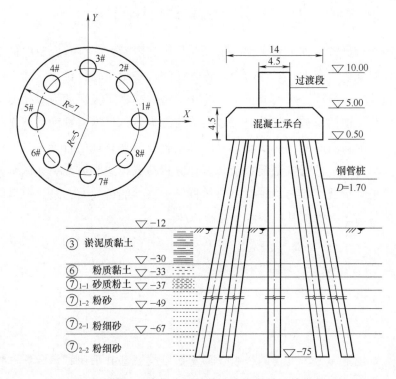

图 6-1　风电机组高承台群桩基础结构布置（单位：m）

6.2.2　有限元模型及现场测试验证

高承台群桩基础有限元模型包括承台、基桩、塔架过渡段和桩周土体。有限元分析的目标是研究整体协同作用下的地基基础承载特性，主要关注地基、地基与结构相互作用的承载极限状态，不考虑结构强度的极限破坏，对承台、基桩和过渡段结构分别采用厚板和管梁单元，结构材料按线弹性考虑。基桩和桩周土体相互作用是本分析模型的核心。为突出分析重点，避免复杂土体本构模型、桩土接触等复杂参数和边界对分析的干扰，采用海洋平台桩基分析中常用的 t-z、q-z 和 p-y 曲线模型分别模拟桩周轴向、桩端和侧向桩土相互作用。有限元模型如图 6-2 所示。

图 6-2　基础整体有限元模型

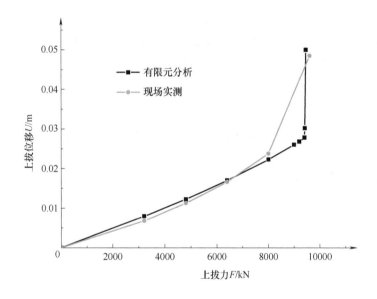

图 6-3　单桩受拔的数值分析与现场实测对比

　　在工程现场采用锚桩反力法开展了一根足尺基桩的抗拔承载力测试，获得了桩顶轴向荷载和位移关系曲线。为了验证桩基础有限元模型及其参数的准确性，将单桩抗拔数值分析结果与现场承载测试结果进行了对比分析。试验桩为开口钢管桩，桩直径为 1.70m，壁厚为 22mm，桩尖高程为 −75m，桩顶高程为 6.30m。数值分析和现场测试的桩顶拔力 F 和上拔位移 U 曲线如图 6-3 所示。数值分析结果显示，当上拔力达到 9400kN 时 F-U 曲线斜率出现突变，表明桩基达到了抗拔承载极限状态，该极限承载力与现场承载力测试所得的 9600kN 极限值非常接近。图 6-3 显示在 8000 ~ 9600kN 加载区间，数值模拟和实测的上拔位移有一定的偏差，数值计算结果小于实测值。这种差别主要是由于在该荷载区间内现场试验的加载步只有一步，在该加载步内荷载直接从 8000kN 增加到了 9600kN，没有采用更小的荷载增量进行逐级加载。而数值模拟通过更小的加载增量来准确模拟该荷载区间内荷载-位移变化过程。

6.2.3　整体协同作用的数值仿真方案

首先需要确定一个可以合理反映基础整体承载性能的指标。承台在大偏心倾覆力矩作用下的整体倾斜可以反映基础整体受力变形状态，因此选择承台中心转角 θ 与外力矩 M 的比值 $\lambda = \theta/M$ 作为代表基础整体承载性能的指标。λ 即为 $\theta\text{-}M$ 曲线的斜率，λ 值增大代表结构整体承载性能降低，当 $\theta\text{-}M$ 曲线出现明显拐点时基础整体承载性能达到极限状态，此时相应的力矩即为基础的整体极限承载力 $M_{\max}$。

基础受力方式是影响其承载特性的重要因素。根据风电机组基础受力特点，选择纯弯、压-弯和压-弯-侧向水平力三种受力状态进行模拟，逐级加载至整体极限承载状态。为了分析基桩轴向拔力和基础整体承载性能随荷载的变化规律，定义几个特征力矩指标如下：随着力矩的增加，当首根（批次）基桩上拔力达到其抗拔承载力极限的 0.5 倍（即抗拔承载力特征值）时相应的力矩为 M_{t0}；首根（批次）基桩上拔力达到其抗拔承载力极限值时相应的力矩为 M_{t1}，第 2 根（批次）为 M_{t2}，依次类推。通过对这些特征力矩与 $M_{\max}$ 的对比，可以分析基桩轴向抗拔承载性状与基础整体承载性状的关系。再定义以下 2 个系数：$K_0 = M_{\max}/M_{t0}$ 和 $K_1 = M_{\max}/M_{t1}$，K_0 和 K_1 分别表示以基桩最大拔力不超过抗拔承载力特征值和极限值作为设计控制指标时的整体安全系数，K_1 反映了基础整体协同作用的程度，$K_1 = 1.0$ 表示单根基桩达到极限抗拔承载力的同时基础整体即丧失承载能力，$K_1 > 1.0$ 表示存在整体协同作用，其数值越大表示整体协同作用越强。

由于桩基抗压承载力高于其抗拔承载力，压、拔承载特性的差异导致在部分基桩达到抗拔极限后，通过荷载的调整分配可以由抗压基桩继续发挥承载作用。通过改变基桩抗压与抗拔承载力的比值，可以分析抗压-抗拔承载力差异对整体协同作用的影响。

■ 6.3　计算结果及分析

6.3.1　不同加载方式的仿真分析

1. 纯弯加载（工况 1）

在绕 y 轴力矩的作用下，1#和 5#基桩位于主弯平面内，分别承受最大压力和拔力。各基桩和承台变形随力矩变化的情况如图 6-4 所示。随着力矩的增加，5#基桩的轴力首先达到抗拔承载力特征值和极限值，对应的力矩 M_{t0} 和 M_{t1} 分别为 $13 \times 10^4 \text{kN} \cdot \text{m}$ 和 $27 \times$

10^4kN·m。5#基桩轴力达到抗拔承载极限值前后 θ-M 曲线的斜率没有发生改变，维持在 2.6×10^{-8}rad/kN·m，这表明 5#基桩达到抗拔极限状态并没有对基础整体承载性状产生影响。随后增加的荷载转移到 4#和 6#基桩，当力矩增加到 $M_{t2} = 32 \times 10^4$kN·m 时，4#和 6#基桩达到抗拔承载力极限值，此时 θ-M 曲线的斜率增加到了 4.97×10^{-8}rad/kN·m，斜率的增大表明 4#、5#和 6#三根基桩都达到极限状态时基础整体承载性能发生了较大改变，但此时受压桩轴力尚未达到极限状态。当 $M_{t3} = 41 \times 10^4$kN·m 时，3#和 7#基桩达到抗拔承载极限状态，此时 θ-M 曲线出现明显上拐，其斜率增加到 2.8×10^{-7}rad/kN·m，此时基础整体达到承载极限状态，$M_{max} = 41 \times 10^4$kN·m，此时 1#基桩的轴向压力为 -19880kN，仍未达到抗压承载极限状态。据此可求得 $K_0 = 3.15$，$K_1 = 1.52$。上述分析表明在纯受弯加载状态下，基础整体承载性能的丧失是由受拉侧的 3#~7#共 5 根基桩达到抗拔承载力极限所导致的，此时基桩抗压承载能力并没有得到完全发挥。

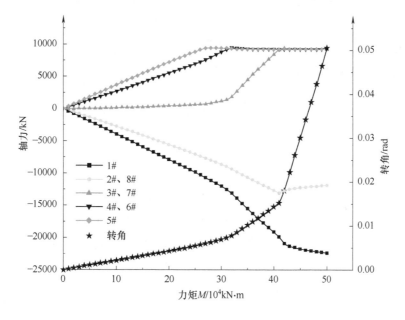

图 6-4 纯力矩作用下力矩-基桩轴力-承台转角关系曲线

2. 弯-压加载（工况 2）

风电机组基础承受的主要竖向荷载为机组、塔架和基础结构的自重恒载，本基础承受的竖向荷载为 23500kN。在竖向荷载和力矩共同作用下各基桩轴力和承台转动随力矩变化的曲线如图 6-5 所示。当力矩达到 $M_{t0} = 20 \times 10^4$kN·m 和 $M_{t1} = 35 \times 10^4$kN·m 时，5#基桩先后达到抗拔承载力特征值和极限值，在这个过程中 θ-M 曲线的斜率保持为 2.1×10^{-8}rad/kN·m，随后当 $M_{t2} = 42 \times 10^4$kN·m 时，4#和 6#基桩达到抗拔极限状态，θ-M 曲线的斜率增大到 7.0×10^{-8}rad/kN·m，此时受压基桩仍未达到极限状态，但是 3#、7#基桩上拔力呈现急剧增长，此后 θ-M 曲线呈现缓变形态，在力矩等于 50×10^4kN·m 时有个小幅上拐点，取该力矩为基础整体极限承载力 $M_{max} = 50 \times 10^4 \mathrm{kN \cdot m}$，此时3#、7#受拔基桩和1#、2#、8#受压基桩虽然都未达到极限承载状态，但是轴力都出现较大增长。该加载状态下 $K_0 = 2.50$，$K_1 = 1.43$，基础达到整体极限承载状态时，4#~6#共3根基桩达到抗拔承载极限，其余基桩未达到承载力极限状态。

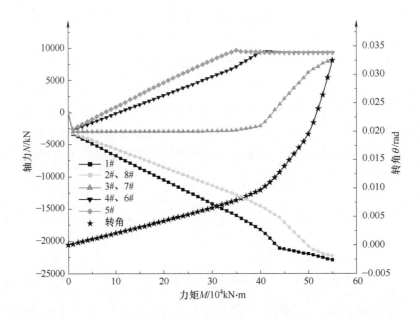

图6-5 弯-压作用下的力矩-基桩轴力-承台转角关系曲线

3. 弯-压-侧向加载（工况3）

设计控制工况的水平侧向荷载为6000kN，力矩为 $12 \times 10^4 \mathrm{kN \cdot m}$，这两个荷载属于相关性较大的荷载，因此在弯-压-水平侧向加载中，按力矩和侧向荷载的比值为0.05确定加载步的力矩和侧向力。竖向受压荷载为自重恒载，取23500kN。弯-压-侧向加载条件下基桩轴力和承台转角随力矩变化的曲线如图6-6所示。与纯弯和弯-压加载工况相比，由于侧向荷载的作用，弯-压-侧向加载工况下基桩在较小的弯矩下即达到抗拔极限状态。当力矩达到 $M_{t0} = 12 \times 10^4 \mathrm{kN \cdot m}$ 和 $M_{t1} = 20 \times 10^4 \mathrm{kN \cdot m}$ 时，5#基桩的轴力就先后达到抗拔承载力特征值和极限值，在这个过程中 $\theta\text{-}M$ 曲线保持线性增长，斜率为 $1.60 \times 10^{-8} \mathrm{rad/kN \cdot m}$。当 $M_{t2} = 24 \times 10^4 \mathrm{kN \cdot m}$ 时，4#和6#基桩达到抗拔承载极限状态，此时受压基桩仍然具有很大的承压能力，但是 $\theta\text{-}M$ 曲线开始呈现缓慢上拐状态。此后3#、7#基桩上拔力呈现急剧增长，$\theta\text{-}M$ 曲线也明显上拐。当力矩达到 $29 \times 10^4 \mathrm{kN \cdot m}$ 时 $\theta\text{-}M$ 曲线出现比较明显的拐点，斜率增加到 $5.1 \times 10^{-7} \mathrm{rad/kN \cdot m}$，基础整体达到极限承载状态，$M_{max} = 29 \times 10^4 \mathrm{kN \cdot m}$。此时3#、7#受拔基桩和1#、2#、8#受压基桩轴力都未达到极限值，但是轴力都出现较大增长。该加载状态下 $K_0 = 2.42$，$K_1 = 1.45$。与承受弯-压加载类似，弯-压-侧向加载条件下基础整体承载能力的丧失是由受拉侧4#~6#共3根基桩达到抗拔承载极限状态所引起的，此时其余基桩均未达到承载力极限状态。由于水平推力的作用，基础整体极限承载力矩 M_{max} 明显小于弯-压加载状态。

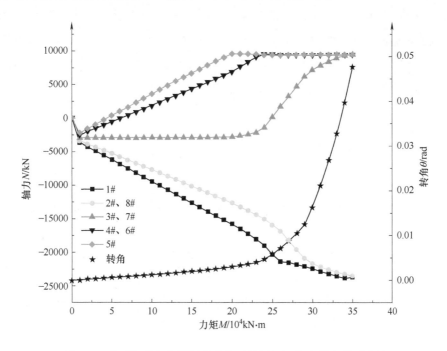

图 6-6　弯-压-侧向作用下的荷载-基桩轴力-承台转角关系曲线

4. 加载方式影响分析总结

工况 1 ~ 3 的计算结果表明，随着力矩的增加基桩首先达到抗拔承载极限状态，但是不同加载方式对基础整体承载特性有显著影响。弯-压状态下整体极限承载力矩 M_{max} 最大，弯-压-侧向水平加载状态下最小，这是由于侧向水平力相对于受压基桩而言，更倾向于弱化基桩的抗拔承载能力。三种不同加载方式下，K_0 均大于 2.40，K_1 均大于 1.40，这表明本项目基桩首先达到抗拔承载力极限值并不会导致结构丧失整体承载能力且尚有不低于 40% 的安全裕量，而基桩首先达到抗拔承载力特征值的时候，基础整体极限承载安全系数大于 2.40。

6.3.2　基桩压-拔承载力比值的影响

保持基桩抗拔侧阻值不变，分别将抗压侧阻和端阻在表 6-1 的基础上增加 1.25 倍（工况 4）和 1.50 倍（工况 5）后进行弯-压-侧向加载，计算结果显示基桩压拔承载力比值加大以后，极限力矩 M_{max} 由工况 3 的 29×10^4 kN・m 增加到 31×10^4 kN・m，这是由于受压基桩抗压承载力的提高对维持抗拔基桩极限状态有利。由于基桩抗压性能的提高，在基础丧失整体极限承载能力前，3# 和 7# 基桩可以继续承受荷载一直到抗拔极限状态。但是 4# ~ 6# 受拔基桩的 M_{t1}、M_{t2} 并不随基桩压-拔承载力比值的增加而变化。同时可以发现，在 1.25 倍（工况 4）和 1.50 倍（工况 5）两种不同的压拔承载力比值

下 M_{max} 均为 $31 \times 10^4 kN \cdot m$，这是由于当基桩的压-拔承载力比值达到一定程度后，受压基桩在基础丧失整体极限承载力的时候并不能充分发挥其抗压承载力所致。基桩压-拔承载力比值相对表 6-1 数值为 1.00、1.25 和 1.50 倍分别得到 $K_0 = 2.42$、2.58、2.58，$K_1 = 1.45$、1.55、1.55，计算结果显示，在一定的压拔承载力比值范围内，K_0、K_1 随着基桩压拔承载力比值的增加而增加，这表明基桩抗压承载性能的增加有助于整体协同作用的发挥。

6.3.3 整体协同作用分析

工况 1~5 下基础整体安全系数汇总见表 6-2。表中数据显示 K_0 均大于 2.0，K_1 均大于 1.0，这表明：基桩轴力达到抗拔承载力特征值时基础结构整体承载安全系数大于 2.0；基桩刚达到抗拔承载力极限状态时并不会导致基础整体承载性能的丧失，结构仍具备较大的安全储备。对于承载性状最不利的工况 3，如果按基桩轴力达到抗拔承载力特征值作为设计控制标准，则基础整体极限承载安全系数为 2.42，即使按基桩达到抗拔承载力极限值作为设计控制标准，其整体极限承载安全系数仍达到 1.45。

表 6-2　分析成果汇总

工况	工况 1	工况 2	工况 3	工况 4	工况 5
$M_{max}/10^4 kN \cdot m$	41	50	29	31	31
$M_{t0}/10^4 kN \cdot m$	13	20	12	12	12
$M_{t1}/10^4 kN \cdot m$	27	35	20	20	20
K_0	3.15	2.50	2.42	2.58	2.58
K_1	1.52	1.43	1.45	1.55	1.55

6.3.4 考虑整体协同的桩基承载力设计控制标准

GB 50007—2011《建筑地基基础设计规范》通常按照地基基础所承受的荷载标准值不大于其极限承载力的 0.5 倍（即承载力特征值）来进行承载力设计，这种条件下基础承载力具有不小于 2.0 的安全系数。依据该设计原则，如果取 $0.5M_{max}$ 所对应的基桩拔力作为其抗拔承载力特征值 R_a，根据最大拔力不大于 R_a 进行承载力设计，则基础极限承载力具有不小于 2.0 的安全系数。各计算工况对应的 M_{max}、R_a 和基桩极限抗拔承载力 R_m 见表 6-3，计算结果表明：R_a/R_m 的值均大于 0.50，意味着如果按常规设计控制标准以 $R_a = 0.5R_m$ 作为承载力特征值，则基础整体极限承载安全系数总是大于 2.0 的。对于最接近实际受力状况的工况 3，取 $R_a = 0.67R_m$ 作为基桩抗拔极限承载力特征值，即可确保基础整体极限承载安全系数达到 2.0。

表 6-3　基桩抗拔允许承载力与极限承载力

工况	$M_{max}/10^4 kN \cdot m$	R_a/kN	R_m/kN	R_a/R_m
工况 1	41	7384	9376	0.79
工况 2	50	6374	9621	0.66
工况 3	29	6358	9529	0.67
工况 4	31	6851	9396	0.73
工况 5	31	6772	9781	0.69

参 考 文 献

[1] MUHAMMAD A, BRENDAN C. Offshore wind-turbine structures: a review [J]. Proceedings of the Institution of Civil Engineers, 2013, 166 (4): 139-152.

[2] ALBLAS L, DE WINTER C. A comparison of time domain seismic analysis methods for offshore wind turbine structures: Using a super element approach [C]//Proceedings of 2nd International Offshore Wind Technical Conference. [S. l.]: ASME, 2019.

[3] GLISIC A, NGUYEN D, SCHAUMANN P. Comparison of integrated and sequential design approaches for fatigue analysis of a jacket offshore wind turbine structure [C]//Proceedings of the International Offshore and Polar Engineering Conference. Sapporo: [s. n.], 2018: 440-447.

[4] LOUKOGEORGAKI E, ANGELIDES D, LORENTE C. A numerical tool for the integrated analysis of fixed-bottom offshore wind turbines [C]//Proceedings of the 22nd International Offshore and Polar Engineering Conference. Rhodes: [s. n.], 2012: 347-354.

[5] MANUEL L, SAHASAKUL W, NGUYEN H, et al. A review of coupling approaches for the dynamic analysis of bottom-supported offshore wind turbines [C]//Proceedings of the Annual Offshore Technology Conference Offshore Technology Conference. Houston: [s. n.], 2016: 3678-3685.

[6] KAUFER D, COSACK N, BOKER C, et al. Integrated analysis of the dynamics of offshore wind turbines with arbitrary support structures [C]//European Wind Energy Conference and Exhibition. Marseille: [s. n.], 2009: 1699-1717.

[7] ZHANG L, ZHAO J, ZHANG X, et al. Integrated fatigue load analysis of wave and wind for offshore wind turbine foundation [C]//Proceedings of the 20th International Offshore and Polar Engineering Conference. Beijing: [s. n.], 2010: 680-686.

[8] VANDERVALK P, VOORMEEREN S, DEVALK P, et al. Dynamic Models for Load Calculation Procedures of Offshore Wind Turbine Support Structures: Overview, Assessment, and Outlook [J]. Journal of Computational and Nonlinear Dynamics, 2015, 10 (4): 4-13.

[9] MACLEAY A, HODGSON T. Beatrice offshore wind project, wind turbine generator foundation design [C]//Proceedings of Offshore Technology Conference. Houston: [s. n.], 2019.

[10] International Electro-technical Commission. Wind turbines Part3: Design requirements for offshore wind turbines: IEC 61400-3 [S]. London: International Electro-technical Commission, 2009.

[11] DNV GL. Support structures for wind turbines: DNV GL-ST-0126 [S]. Oslo: DNV-GL, 2016.

[12] 吴永祥, 罗翔. 基于 SACS-Bladed 的海上风电机组基础结构疲劳分析方法研究 [J]. 风能, 2016 (2):106-109.

[13] POPKO W, VORPAHL F, JONKMAN J, et al. OC3 and OC4 projects-verification benchmark of the state-of-the-art coupled simulation tools for offshore wind turbines [C]//European Seminar on Offshore Wind and Other Marine Renewable Energies in Mediterranean and European Sea. Rome: [s. n.], 2012: 499-503.

[14] POPKO W, VORPAHL F, ZUGA A, et al. Offshore code comparison collaboration continuation (OC4) Phase I-results of coupled simulations of an offshore wind turbine with jacket support structure [J]. Jour-

nal of Ocean and Wind Energy, 2014, 1 (1): 1-11.

[15] 张博. 海上风机一体化荷载仿真方法研究 [D]. 上海: 上海交通大学, 2016.

[16] 王磊. 海上风电机组系统动力学建模及仿真分析研究 [D]. 重庆: 重庆大学, 2011.

[17] 吴俊辉, 刘作辉, 李力森, 等. 大型海上风力发电机组的荷载分析及荷载优化控制方法 [J]. 电器工业, 2018 (3): 69-71.

[18] 夏一青. 近海风机极限荷载与疲劳荷载研究 [D]. 上海: 上海交通大学, 2014.

[19] 王湘明, 陈亮, 邓英. 海上风力发电机组塔架海波荷载的分析 [J]. 沈阳工业大学学报, 2008, 30 (1): 42-45.

[20] 陈前, 符世晓, 邹早建. 海上风力发电机组支撑结构动力响应特性研究 [J]. 船舶力学, 2012, 1 (4): 408-415.

[21] 国家能源局. 海上风电场工程风电机组基础设计规范: NB/T 10105—2018 [S]. 北京: 中国水利水电出版社, 2018.

[22] 中华人民共和国住房和城乡建设部. 海上风力发电场设计标准: GB/T 51308—2019 [S]. 北京: 中国计划出版社, 2019.

[23] 翟恩地, 张新刚, 李荣富. 海上风电机组塔架基础一体化设计 [J]. 南方能源建设, 2018, 5 (2):1-7.

[24] 姜贞强, 孙杏建, 郁彩云, 等. 无过渡段单桩式海上风机基础结构: 201220165116. 7 [P]. 2012-12-19.

[25] MATLOCK H. Correlations for design of laterally loaded piles in soft clay [C]//Proceedings of the 2nd Annual Offshore Technology Conference. Houston: [s. n.], 1970, 1: 577-594.

[26] REESE L, COX W, KOOP F. Analysis of laterally loaded piles in sand [C]//Proceedings of the 6th Annual Offshore Technology Conference. Houston: [s. n.], 1974: 473-483.

[27] SCHANZ T, VERMEER P, BONNIER P. The Hardening Soil model: formulation and verification [C]//Beyond 2000 in Computational Geotechnics- 10 Years of PLAXIS. Amsterdam: [s. n.], 1999: 281-296.

[28] 林毅峰, 陆忠民, 李彬. 海上风电场风机基础结构: 200910050255. 8 [P]. 2009-04-29.

[29] 中华人民共和国交通运输部. 港口与航道水文规范: JTS 145—2015 [S]. 北京: 人民交通出版社, 2015.

[30] 中华人民共和国交通运输部. 码头结构设计规范: JTS 167—2018 [S]. 北京: 人民交通出版社, 2018.

[31] DNV. Offshore concrete structure: DNV-OS-C502 [S]. Oslo: DNV, 2010.

[32] DNV. Design of offshore wind turbine structures: DNV-OS-J101 [S]. Oslo: DNV, 2013.

[33] 张浦阳, 黄宣旭. 海上风电吸力式筒形基础应用研究 [J]. 南方能源建设, 2018, 5 (4): 1-10.

[34] 李宝仁. 单桩复合筒形基础地基极限承载力研究 [D]. 天津: 天津大学, 2013.

[35] 王磊. 黏性土中大直径筒形基础地基极限承载力研究 [D]. 天津: 天津大学, 2013.

[36] 闫澍旺, 霍知亮, 孙立强, 等. 海上风电机组筒形基础工作及承载特性研究 [J]. 岩土力学, 2013, 34 (7): 2036-2042.

[37] 刘润, 陈广思, 刘禹臣, 等. 海上风电大直径宽浅式筒形基础抗弯特性分析 [J]. 天津大学学报

（自然科学与工程技术版），2013，46（5）：393-400.

[38] 李德源，叶枝全，陈严. 风力机旋转叶的多体动力学数值分析 [J]. 太阳能学报，2005，26（4）：473-481.

[39] SCHANZ T, VERMEER P A, BONNIER P G. Beyond 2000 in computational geotechnics：chapter formulation and verification of the hardening-soil model [M]. Balkema：Rotterdam，1991.

[40] BENZ T. Small strain stiffness of soils and its numerical consequences [D]. Stuttgart：University of Stuttgart，2006.

[41] MORISON J, OBRIEN M, JOHNSON J, et al. The forces exerted by surface waves on Piles [J]. Petroleum Transactions，AIME，1950，189：149-157.

[42] MACCAMY R, FUCHS R. Wave forces in piles：A diffraction theory [M]. WDC：Beach Erosion Board，1954.

[43] 中国海洋石油总公司. 中国海海冰条件及其应用规定：Q/Hsn 3000—2002 [S]. 北京：中国海洋石油总公司，2002.

[44] RALSTON T. Ice Force Design Considerations for Conical Offshore Structures [C] //Proceedings of the 4th International Conference on Port and Ocean Engineering under Arctic Conditions. Newfoundland：[s. n.]，1977，2，741-752.

[45] 中华人民共和国住房和城乡建设部. 建筑结构荷载规范：GB 50009—2012 [S]. 北京：中国建筑工业出版社，2019.

[46] 中国船级社. 海上固定平台入级与建造规范 [S]. 中国船级社，1992.

[47] 蔡继峰，王丹丹，符鹏程，等. 风电机组仿真塔架阻尼比的选取研究 [J]. 风能，2013，（11）：118-119.

[48] HUANG Y, SHI Q, SONG A. Model test study of the interaction between ice and a compliant vertical narrow structure [J]. Cold Regions Science and Technology，2007（49）：151-160.

[49] 岳前进，毕祥军，于晓，等. 锥体结构的冰激振动与冰力函数 [J]. 土木工程学报，2003，36（2）:16-19.

[50] American Petroleum Institute. Recommended practice for planning, designing and constructing fixed offshore platforms-working stress design：API RP 2A-WSD [S]. WDC：American Petroleum Institute，2005.

[51] DNV. Fatigue design of offshore steel structures：DNV-RP-C203 [S]. Oslo：DNV，2007.

[52] 应怀樵. 随机波形读数和频度计算法及雨流法与常规方法的比较 [J]. 宇航计测技术，1983，2：16-26.

[53] 中华人民共和国住房和城乡建设部. 建筑地基基础设计规范：GB 50007—2011 [S]. 北京：中国建筑工业出版社，2011.

[54] LIN F, ZHOU X. Structure characteristics and design technique keys of wind turbine foundation in shanghai Donghai offshore wind farm [J]. Geotechnical Special Publication，ASCE，2010（205）：52-60.

[55] 周济福，林毅峰. 海上风电工程结构与地基的关键力学问题 [J]. 中国科学：物理学 力学 天文学，2013，43（12）：1589-1601.

[56] 中华人民共和国住房和城乡建设部. 建筑抗震设计规范（2016 年版）：GB 50011—2010 [S]. 北京：中国建筑工业出版社，2016.